인문학과 함께하는

軍 ✓

인권과 안전의
새로운 만남

인문학과 함께하는

軍✓

인권과 안전의 새로운 만남

김경호 지음

human rights

safety

"국방 관련 인권과 안전의 새로운 지평을 열다"

주제마다 심리학, 역사, 문학 등 인문학적 요소에 스토리를 엮어 부담 없이 읽도록 한 책.
한 장, 한 장 따라 읽다 보면 자연스레 인권의 개념을 이해하고 성찰할 수 있다.

좋은땅

2018년 12월 어느 나른한 오후 시간대에 육군 제2작전사령부 헌병[1]단
장으로부터 전화가 걸려 왔다. "지금 50사단 헌병대장이 작성하고 있는
안전 칼럼이 50사단과 2작전사 내에서만 활용되기에는 너무 아쉽다. 당
신의 글을 국방일보(국방홍보원에서 발간하고 있는 국내 유일의 국방
관련 일간지) 등 언론매체에 소개하여 전 군에 확대한다면 병영 내 안전
문화 확산에 크게 도움이 될 것 같다."라는 내용이었다. '안전 칼럼'은 필
자가 수년 전부터 작성해 온 사고예방에 대한 칼럼인데, 군 수사기관의
일원으로서 느낀 그간의 경험에 개개의 사건·사고와 관련된 인문학/자
연과학적 요소를 가미, 사고의 원인을 근원적으로 분석하고 대응책을
제시한 내용으로, 당시 제2작전사령부 내에서 적극적으로 활용되고 있

---

1) '헌병'은 군대 안의 경찰 활동을 주 임무로 하는 병과 또는 그곳에 소속된 장병을 의미하는데,
고종 황제가 1900년 대한제국 군대에 행정경찰, 사법경찰을 관장하는 '헌병사령부'를 창설한 것이
기원이 된다. 그러나 헌병이란 명칭은 일제 강점기의 잔재로서 일각의 부정적 인식이 있고, 의미
도 법을 집행하는 수사 기능만으로 한정돼 현재 수행하는 임무를 충분히 반영하지 못한다는 지적
이 줄곧 제기되어 왔다. 이에 병과 정체성 확립을 위해 야전 및 각계의 폭넓은 의견 수렴 후 새
로운 병과 명칭 입법화를 추진해 오다 2020년 2월 4일 군인사법시행령이 개정되면서 '헌병'에서
'군사경찰'로 명칭이 변경되게 되었다. 이 책의 이야기는 주로 헌병 병과 시절에 작성된 것으로 부
득이하게 헌병과 군사경찰이 혼용 표기된 부분이 있는데 독자들의 이해를 구한다.

던 터였다. 또한, 이 칼럼은 기존의 예방자료가 법규나 사고사례 위주 내용으로 처벌을 유독 강조하기에 군 장병들이 거부감을 가질 수 있음에 착안, 인간의 이성과 감성을 자극하여 사고를 저지르면 안 되는 이유를 스스로 느끼게끔 유도하여 신선하기도 했거니와 쉬 공감을 끌어낼 수 있었고, 무엇보다도 단편적인 현상이나 통계 위주의 분석보다는 인간에게 내재된 양심을 끄집어내는 기법에 과학적인 접근방식을 병행함으로써 많은 사람의 호응과 관심을 받아 왔었다.

그러나 당시 개인적인 사정이 있어 몇 차례 고사했는데, 주변의 적극적인 권유와 격려에 힘입어 결국 국방일보에 연재하기로 하고 일차적으로 6개월분 칼럼을 기고하게 되었다. 그런데 뜻하지 않은 변수가 생겼다. 국방홍보원 측에서, 안전 분야도 좋지만 '인권존중의 군 문화 조성'은 국방부가 국방개혁 2.0 추진과제로 선정한 중요한 부분인데, 그간 주제 접근이 어렵다는 등의 이유로 민간 전문가들이 고사하니 '안전 칼럼' 대신 '인권 칼럼'을 써 주면 어떻겠냐는 것이었다. 인권의 영역은 사실 너무나 광범위하고, 자칫 학문이나 정치, 법률적으로 흐르기에 십상이라 사뭇 부담되기도 하였지만 이내 흔쾌히 승낙하였다. 새로운 영역에 끊임없이 도전하는 것이 평소의 소신이기도 하였거니와 인권도 결국 안전의 연장선에 있는 것이라 확신했기 때문이다. 이렇게 해서 2019년 2월 12일 제1호 '약자 배려는 인권의 출발'을 시작으로 제10호 '인권 감수성'까지 격주 단위로 국방일보에 1면 전면, 기획연재를 하게 되었다.

인권 칼럼을 연재하면서 많은 변화가 있었는데, 이 중 최고의 변화는 나 자신의 인식 변화다. 물론 누구나 인간이라면 당연히 누릴 천부적인 권리가 있고, 수사진행 과정에서도 인권에 기초한 피의자의 정당한 권리를 보장해야 함은 내가 과거 육군종합행정학교에서 '수사절차론' 교관을 했고, 다년간 헌병대장직을 수행하였기에 잘 알고 있다고 자부하고 있었다. 그러나 무력을 관리하는 군의 특성상 인권 문제는 왠지 무거운 영역이고, 병영 생활을 함에 있어 다소 불편하며 효율성이 저해될 수 있다는 편견과 선입견도 함께 있었기 때문이다. 그러나 한 편, 한 편의 칼럼 작성을 위해서 인권 관련 책자를 탐독하고, 인권의 본질에 대한 사색의 시간이 늘어나면서 군에서 요구하는 가치와 병영 현실 그리고 인권은 공존할 수 있다는 확신이 들었다. 결론적으로 인권은 인권 그 자체로 의미가 있는 것으로 이를 확대하거나 왜곡시켜 본질을 호도해서는 안 된다는 신념을 가지게 된 것이다.

두 번째는 주변의 놀라운 변화다. 먼저 헌병부대원들이 변하기 시작했다. 국방일보에 연재된 칼럼을 생활관 단위로 비치하면서 윤독을 하고, 때로는 해당 주제에 대해 자발적 토론도 하는 진풍경이 벌어진 것이다. 주입식 교육이 아니라 병사 주도하에 적극적으로 토의에 참여하고 공감하는 시간이 마련된 셈인데, 생각 외로 큰 반향을 일으켰다. 무심코 던진 말 한마디나 행동이 상대방에게 상처를 줄 수 있음을 인식하게 되었고, 이후 투박했던 말투나 상대방의 마음에 비수를 찌르는 언어 사용 대신 정감 어린 대화를 주고받는 모습이 눈에 띄었으며, 이것이 서서히 부대의 문화로 자리 잡혀 감에 오히려 내가 더 큰 감동을 느낄 수 있었다. 또한, 뚜렷한 동료의식으로 서로서로 도와가며 각종 훈련이나 임무를 수행하고, 자신이 부대의 선도적 역할을 하겠다며 자처하는 등 선(善)순환의 환류가 일어났으며, 지금도 그것이 이어지고 있다. 인권을 강조하면 부대관리나 전투준비, 교육훈련이 어렵다는 말은 사실이 아님을 입증한 셈이다.

세 번째는 칼럼을 읽어 본 사람들의 변화다. 처음 1호가 나갈 때는 대다수 장병이 "일회성으로 쓴 글이겠지! 헌병대장이 글을 잘 쓰는구나!" 정도의 반응만 보였지만, 회가 거듭될수록 독자 자신의 느낌과 행동의 변화를 메일이나 문자 또는 전화로 나에게 직접 보이기 시작했다. 그 수가 수백 건이 넘었으며 이에 50사단에서도 인권에 대한 공감대 확산을 위해 칼럼이 나갈 때마다 사단 인트라넷 홈페이지 알림창에 칼럼을 띄웠고, ○○○연대에서는 홈페이지 탑재는 물론 칼럼 내용에 대한 토의 시간을 별도로 편성하기도 하였으며, 또 어느 대대장은 칼럼을 전체 출력해서 밑줄을 그어 가며 느낀 바를 정리한 뒤 이를 대대장실 벽에 붙여 놓고 매일같이 신념화, 생활화할 것을 다짐하기도 하였다. 정말 칼보다 글이 무섭다는 말이 실감이 났다. 그간 나에게 보내온 문자나 메일 중에서 인상 깊었던 내용을 몇 가지 추려 본다면 다음과 같다.

먼저 '판도라는 마녀가 아니다' 편은 한순간의 잘못으로 인해 죗값을 치렀건만, 사회적 낙인이 찍혀 정상적인 생활을 하지 못하는 이를 가슴으로 품어 보자는 이야기로, "누가 사마리아 여인을 비난할 수 있단 말인가? 이는 또 다른 인격 살인이다. 사람이 밉다고 인권마저 짓밟아서는 안 된다."라는 내용이 주를 이루고 있다. 여기에 대한 독자의 반응은 가히 폭발적이었다. 과거 사법처리나 징계전력이 있는 자, 보직해임이 된 자들이 '매일 하늘만 쳐다보던 바로 나의 이야기'라고 눈물을 흘리며 고 맙다는 표현을 해 올 때 가슴 한편이 먹먹해지고 인권이 뭔지 다시금 생 각하게 했다. "불완전한 인간의 시기심은 자신에게 돌아오는 부메랑과 같습니다. 나부터 실천하겠습니다."라는 내용으로 장문의 메일을 보내 오는 이도 있었다. 그 외에도 육군 장병들의 높은 윤리의식과 수준을 느 낄 수 있는 내용이 참으로 많았다. 만일 누군가 인권의식이 부족하다면 나무라기만 하지 말고 그것을 느끼게 해서 장병들의 마음을 움직이게 하면 된다. 특정인에 의한 일회성 교육이 아니라 장병 개개인 모두를 인 권 전도사로 만들어 전군에 확산시키는 일, 참 멋지지 않은가?

 '스마트폰, 이용할 것인가? 이용당할 것인가?' 편은 2019년 4월부터 병 사들의 스마트폰 사용이 허용됨에 따라 육군에서 3득(得) 3독(毒) 운동 을 한참 전개할 무렵에 작성하였다. 3득은 소통, 학습, 창조적 휴식을, 3 독은 도박, 음란, 보안을 의미한다. 당시 각급 부대에서 스마트폰 사용 관련 부작용을 최소화하기 위한 자구책 마련과 지침 위반 시 처벌 수위 를 정하느라 고심할 즈음 스마트폰 사용을 인간이면 누구나 가져야 할 행복추구권과 지식 습득의 기회를 제공받을 권리, 쾌적한 환경에서 질 높은 휴식을 제공받을 권리 등 인권적 측면과 자아실현의 관점에서 접 근한 글이었는데, 이 역시 장병들의 뜨거운 호응이 있었다. 어느 조직이 나 일탈자는 생기기 마련이다. 순기능의 역할을 강조하고 교육했음에도 불구하고 이를 악용한다면 그 사람만 특정해서 엄정한 법과 규정으로 단죄하면 된다. 그것이 두려워서 건전한 사고와 판단능력이 있는 절대다수의 권리를 외면해서는 안 된다는 취지로 독은 제거하고 득을 활성화하는 자율적인 방법과 인식을 강조한 것이다. 이 글은 사단 내에서 스마트폰 사용에 대한 진지한 성찰과 반향을 일으켰다. 이후 각급 부대에서 본 주제에 대한 활발한 토의가 진행되었고, 1년이 지난 지금까지 사단 내에서 스마트폰 사용과 관련된 특별한 잡음 없이 유용하게 잘 활용되고 있다.

'군인 가족에게 전하는 인권 이야기' 편은 특별한 기억이 있다. 누군가가 "헌병대장님의 인권 칼럼을 읽고 너무 가슴에 와닿아 주체할 수 없는 눈물로 감동하였습니다. 요즘 무척 힘든 날의 연속인데 칼럼을 읽고 가족을 생각하며 다시 한번 일어설 힘을 얻습니다. 진심으로 감사합니다."라는 문자를 보내왔다. 느낌이 이상해서 발신인을 찾아보니 모 부대 상사였고, 최근 부대 내 좋지 않은 일에 연루되어 아주 힘들어함을 알 수 있었다. 사정을 들어주고 작은 도움이나마 격려와 용기를 불어넣어 주었는데, 칼럼을 작성한 이후 가장 큰 보람을 느낀 순간이기도 하였다. 또한, 이 칼럼은 사단 군인아파트 반상회보에도 실렸는데 "군인 가족의 아픔을 이해해줘서 정말 고맙고, 앞으로 군인 가족으로서 긍지를 느끼며 살겠다."라는 등 많은 군인 가족들의 공감을 얻은 바 있다.

이외에도 칼럼이 게재될 때마다 전후방 각지에서 이름 모를 이들로부터 많은 격려와 지지를 받았는데, 부족한 것이 많은 필자로서는 오로지 감사할 따름이다. 그리고 이를 통해 얻은 교훈이 있다. 인권은 멀리 있는 것이 아니라 우리 주변, 생활 속에 있다는 것을……

이 책은 2019년 국방일보에 연재했던 '인권 칼럼'과 과거 집필했던 '안전 칼럼'을 기초로 내용을 보강하고 미비점을 보완하여 재구성한 것이다. 출판을 망설였으나 책을 쓰기로 한 분명한 목적이 있다. 군 내부적으로는 인권과 안전문제에 대해 되돌아볼 기회를 주고, 입대를 앞둔 청년들이나 그런 아들을 둔 부모, 군에 관심이 많은 일반인에게는 이러한 주제에 대해 깊이 고심하고 개선되고 있는 군의 모습을 느끼게 해 주기 위함이다. 또한, 이 책은 시중에 널리 발간되고 있는 인권 관련 학술지나 법령지와 같은 내용이 아니다. 개념 설명은 최소화하고, 주제마다 심리학, 역사, 문학 등 인문학적 요소에 스토리를 엮어 부담 없이 읽도록 한 책이다. 나름 퀄리티를 유지하면서도 독자들이 쉽게 접근할 수 있도록 장고에 장고를 거듭했다. 한 장, 한 장 따라 읽다 보면 자연스레 인권의 개념을 이해하고 성찰할 수 있으리라 확신한다.

　한 편의 글이 주는 놀라운 효과, 이를 구현하고자 오늘도 깊은 생각에 잠긴다. 그리고 혹 읽어 보지 않은 자들을 위해 사단 전 부대를 순회하면서 강연도 하고 있다. 하나의 밀알이 싹을 틔워 우리 전 육군이 인권과 안전에 대한 진지한 논의와 성찰을 하며, 또 안전한 육군이 구현되기를 꿈꾸면서······.

2020년 4월 어느 봄날,
이화(梨花)가 눈부시게 흐드러진 헌우도원(憲友桃源)에서

목차

1장

약자 배려는
인권의 출발

군인과 인권

"민주적 군대는 있어도 군대에 민주주의는 없다."라는 해묵은 논쟁이 생각난다. 민주적 군대라는 용어 속에 이미 민주적 가치나 절차, 내용 등이 자리 잡았음을 내포함에도 무력을 관리한다는 명분으로 편의에 따라 본질을 흐리고 슬그머니 말을 바꾸는 행위. 이런 식으로 목적이 수단을 잠식하고, 때로는 그러한 수단이 목적을 무력화시키는 언어적 수사(修辭)가 심히 못마땅하다.

그런 견지에서 본다면 인권도 사실 민주주의와 비슷한 처지다. 정상적 사고를 지닌 사람이라면 천부적 권리인 인권은 우리 인간에게 있어 법률적 영역을 떠나 도덕적·양심적 차원에서라도 지극히 당연한 것으로 간주하지만, 군에서의 인권은 왠지 불편하고 부담스러우며 효율성이 저해될 수 있다는 생각이 깔려 있기 때문이다. 물론 여기에는 그럴듯한 이유가 존재하는데 주된 인식의 기저는 다음과 같다.

먼저 국군은 헌법과 법률에 명시된 바와 같이 국가의 안전보장과 국토방위의 의무를 지니며 국민의 생명과 재산을 보호하는 최후의 보루로서 전쟁에 대비해야 한다. 무릇 전쟁이라는 것은 중국 춘추시대 병법가 손자도 표현했듯이 국가의 존망이 걸려 있는 문제로 신중에 신중을 거듭해야 하는데, 자국의 국방력 규모는 물론 정치, 경제, 외교적 역량도 전쟁억제인자로서 주요 변인이 될 수 있다. 어쨌거나 이러한 과정을 통하여 적의 침략 의지를 사전에 차단할 수만 있다면 두말할 나위 없이 좋은 일이겠으나, 부득이한 사정으로 전쟁을 하게 된다면 군인은 마땅히 생명의 위협을 감수하면서까지 적과 맞서 싸울 수밖에 없다.

　엄격히 말하자면 이것은 군대가 존재하는 근본 이유라고도 할 수 있다. 그리고 이때 군인들은 생사의 갈림길에 서게 된다. 바로 "적이 죽느냐? 아니면 내가 죽느냐?"라는 문제에 봉착하게 되는데, 어찌 보면 이 같은 행위는 인간에게 있어 가장 소중한 인권적 가치인 생명권을 담보로 적과 '제로섬 게임'을 한다고 볼 수 있다. 물론 인명이 아닌 다른 전략적 목표에 우선순위를 두고 전쟁을 치를 수도 있겠으나 기본적으로 전쟁은 인명피해를 수반할 수밖에 없으며, 때에 따라서는 전투와 직접 관계가 없는 민간인 등 비전투원에게도 피해가 갈 수 있다. 여기서 인권, 특히 생명권 관련 딜레마가 생긴다는 것이다.

　또 다른 측면에서 이유를 든다면 전장이라는 극한의 상황 속에서 지휘체계를 확립하고 질서를 유지하며 일사불란한 전투행위를 하기 위해서는 군기가 필요하고, 때로는 포탄이 쏟아지는 전쟁터에서 승리하기 위해서는 부득불 정의와 인권과 같은 도덕적 판단이 적용될 여지가 없을 수 있다는 것이다. 그러기에 군인은 평소 병영 생활부터 명령에 살고 명령에 죽는다는 확고한 명령체계와 상명하복의 정신을 심어 줄 필요가 있는데, 이 과정에서 일정 부분 인권침해는 있을 수 있다는 논리다.

세 번째 이유는 군인다움에 대한 일각의 잘못된 인식에서 기인한다. 그들의 주장은 이렇다. "기본권을 존중해 주면 아무래도 병사들이 느슨해지고 긴장감이 무더지며 이것이 결국 전투력 약화로 이어져 통제에 어려움이 생겨 사고로 이어질 수 있다. 인권이라는 것은 일반적 개념으로 군사적 직무의 필요에 따라 얼마든지 예외가 있을 수 있으며, 실제 외국 선진 군대에서도 교육훈련이 엄격하고도 진지하기로 정평이 나 있다. 따라서 한국군만 유독 인권을 강조할 필요가 없으며 오히려 이로 인해 지휘권 행사에 어려움이 있을 수 있고, 교육훈련과 군인다운 기질 모두가 무너져 내린다."라는 우려가 바로 그것이다.

대략 세 가지 쟁점을 제시해 봤는데, 이는 인권의 본질을 제대로 이해하지 못했기 때문이라 생각된다. 먼저 전쟁터에서 군인이 적과 교전하는 것은 대한민국 국민을 대신해서 국가를 방위하고 자유민주주의라는 소중한 가치를 수호하며 사랑하는 가족과 국민을 지키기 위함으로써 동서고금의 인류 역사를 보거나 국제법상으로도 용인된 정당한 행위로 비난의 대상이 될 수 없다. 다만 비인간적인 무력수단이나 방법을 사용한다든지 민간인을 표적으로 하는 등 전쟁법상 금지된 행위는 해서는 안될 것이다. 우리나라는 헌법이나 법률을 통하여 무력충돌 행위와 관련된 국제법 중에서 대한민국이 당사자로서 가입한 국제조약과 일반적으로 승인된 국제법규 등 전쟁법을 준수해야 할 의무를 엄격히 규정하고 있다. 요컨대 교전 중 적을 사살하는 것 자체가 부도덕하다는 측면은 개별 종교적 양심의 차원이지, 보편적 인권의 영역은 아닌 것이다.

둘째, 유사시 극한 상황에서 전투에 임하려면 어느 정도의 인권침해는 불가피하다는 주장도 설득력이 없다. 대표적 예로 베트남 전쟁 당시 미군의 '프래깅' 사건을 들 수 있다. 프래깅(fragging)은 세열수류탄을 가리키는 은어 frag에서 파생된 표현으로 병사들이 마음에 들지 않는 장교의 막사에 수류탄을 투척해서 상관을 살해했던 현상을 빗댄 말이다. 미국에서는 이것이 베트남 전쟁 패인 중 하나로 분석하고 있는데, 실제 당시 최소 900건 이상의 프래깅이 발생했으며 이로 인해 전쟁이 한참 진행 중인 1971년, 병사들에게 수류탄 지급을 중단한 일도 있었고, 종전 이후 미군이 징집제를 폐지하게 된 주된 사유가 되기도 하였다. 병사의 인권에 둔감하고, 불합리한 지시와 과도한 군사규율이 핵심 원인이 된 것이다.

중국 『사기』 '손자오기열전'을 보면 '오기' 장군의 이야기가 소개되어 있다. 오기는 본래 전국시대 위(衛)나라라는 소국(小國) 출신이나 일찍이 뜻을 품고 노(魯), 위(魏), 초(楚)나라를 거쳐 벼슬을 하면서 많은 공을 세운 인물이다. 특히 위(魏) 문후를 도와 20년 넘게 서하 지방을 공략하면서 76전 무패의 신화를 이끌어 '상승장군(常勝將軍)'이라 불리기도 하였으며, 유교 철학과 자신의 실제 경험을 바탕으로 한 『오자병법』의 저자로 널리 알려진 인물이기도 하다. 그 일화는 다음과 같다.

어느 날 오기가 병사의 종기를 입으로 빨아 주었는데 이것을 안 병사의 어머니가 슬피 울었다. 어떤 이가 왜 우느냐고 묻자 "오기 장군께서 그 애 아버지의 종기 고름을 빨아 주자 은혜에 보답하기 위해 전쟁터에서 죽기로 싸우다 죽었는데, 이번에는 제 아들의 종기 고름을 빨아 주셨습니다. 이제 아들의 운명도 결정되었기에 우는 것입니다."라고 말했다. '연저지인(吮疽之仁)'이라는 고사성어가 나오게 된 배경인데, 사실 오기는 장군이 된 뒤 아버지가 자식을 대하듯 병사를 대했고 병사들과 같은 옷을 입고 잠을 잘 때도 자리를 깔지 않았으며, 행군할 때도 말이나 수레를 타지 않는 등 동고동락(同苦同樂)의 상징적 인물이기도 했다. 어찌되었든 부하에게 관심을 쏟고 인권을 존중해 주면 목숨을 바쳐 충성을 다한다는 의미인데, 사실 우리는 이런 오기의 일화가 아니더라도 역사적으로나, 학문적으로나 경험적으로 이 같은 내용을 잘 알고 있다. 억누름에서 얻어지는 효과는 한시적이며 오히려 불만만 증폭되어 결정적인 순간에 외면하고 만다는 것을……

부하들은 소속된 조직에서 인간다운 처우를 받아 자아효능감이 높아지고 부대정신이 배가될 때 사기가 올라가며, 이것이 유사시 굳건한 전우애로 이어져 군대가 필요로 하는 희생정신과 자발적 복종이 구현될 수 있음을 절대 잊지 말아야 한다. 사기는 머리로는 도저히 불가능하다고 생각되는 일을 손발이 감히 해내려고 하는 힘이며, 순간적으로 진작되거나 저하되는 것이 아니라 본질적으로 지속되는 속성을 지니고 있다. 평소에 지휘관과 부하가 일체가 되는 진정한 사기가 진작되어 있다면 사기는 결코 지휘관을 배신하지 않는데, 그 원천적 힘이 바로 인간존중인 것이다. 따라서 인권이 존중되면 전장에서 승리할 수 없다는 논리는 이치적으로도, 현실적으로도 타당치 않다.

셋째로 부하들의 인권을 존중해 주면 지휘권 행사가 어렵고 교육훈련이나 군인다운 기질을 잃게 된다는 우려는 인권의 본질에 대한 이해 여부를 떠나 본인의 리더십 결여를 자인한 표현으로 심히 유감스러운 일이다. 지휘권은 본래부터 직무에 한정된 명령과 지시로 적법하고 정당하게 행사되어야만 하는 것이며, 교육훈련은 군의 존재 목적과 관련되어 있으므로 이와는 무관하게 당연히 엄격해야 한다. 다만 엄격한 것과 안전조치를 소홀히 하는 것은 별개의 영역이므로 필요한 조치를 통하여 막을 수 있는 사고는 막아야 할 것이다.

필자가 이 대목에서 이야기하고픈 것은 교육훈련이라 하더라도 교육 목적과 무관한 맹목적 군기확립을 위해 불필요한 고통을 주거나, 정신력을 강화한다는 명분으로 안전이 확보되지 않은 위험한 일을 지시하는 행위 또는 그리스 신화에 등장하는 '시시포스'(신들을 우습게 여기고 입이 싸고 교활하다는 이유로 제우스에 의해 커다란 바위를 산꼭대기로 밀어 올리게 한 뒤 산꼭대기에 이르면 바위를 다시 아래로 굴러 떨어뜨리는 고역을 영원히 되풀이한 코린토스의 왕, 성과 없는 노동의 상징)가 겪었던 것처럼 효과가 검증되지 않은 의미 없는 훈련을 종용하지 말라는 것이다. 이 외의 시간에 우리 장병들은 국민의 한 사람으로서 인권을 보장받을 권리가 있고, 또한 강한 군대 육성의 전제(前提)이자 국민교육기관으로서 군대의 역할을 다하기 위해서라도 장병들을 보호할 책임이 있는 것이다. 따라서 이를 지휘권과 연결하는 것은 분명 무리가 있다. 지휘권과 인권은 서로 충돌하는 관계가 아니라 상호 보완적인 관계로서 조화를 추구해야 한다. 이 부분은 이후 전개될 내용에서 더욱 상세히 다뤄 보도록 하겠다.

인권의 이면과 본질

한편, 의당 해야 할 직무임에도 인권침해를 내세워 조직의 가치와 공익을 외면한다면, 또 그런 행위가 정당화되고 문화로 자리 잡는다면 이 또한 경계해야 한다. 인권적 가치를 악용해 이를 자의적으로 해석하고 도리어 상관이나 동료에 대한 협박의 수단으로 삼아서도 안 된다. 이 부분은 1948년 12월 10일 유엔총회에서 채택한 세계인권선언문에도 잘 나와 있다. 세계인권선언문 제29조를 보면 "모든 사람은 공동체에 대한 의무를 가진다."라는 내용이 명시되어 있는데, 이는 자기 행동에 책임을 지라는 의미로서 자신의 인권이 소중하고 타인으로부터 존중받으려면, 마찬가지로 타인의 권리와 자유도 존중해야 함을 분명히 한 것이다. 우리나라도 헌법 제21조에서 "모든 국민은 언론·출판의 자유와 집회·결사의 자유를 가지지만, 타인의 명예나 권리 또는 공중도덕이나 사회윤리를 침해해서는 안 된다."라고 명시하는 등 여러 헌법 조항에서 공동체에 대한 의무를 강조하고 있다. 철학자 '자크 데리다'가 말했던가? "해석의

지평은 광대하고, 해석자는 자신의 이익을 좇는다."라고…… 아전인수식 해석은 곤란하다.

　잠시 인권의 개념을 살펴본다면 인권은 인간의 권리의 준말로 '인간이란 이유만으로 누구나 당연히 누릴 수 있는 권리'로 해석된다. 여기서 중요한 것은 '누구나'와 '당연히'다. 흔히들 인권의 수혜자는 사회적 약자라 생각하기 쉬운데 그런 개념만은 아니다. 인권은 성별이나 신분, 경제력 등과 무관하게 누구나 누릴 수 있는, 아니 누려야만 하는 권리다. 따라서 약자는 물론이고 사회적 위치가 높은 사람의 인권도 존중되어야 한다. 예컨대 군대 내에서 하급자의 인권이 존중되어야 하지만 같은 이치로 상급자의 인권 역시 존중되어야만 하는 것이다. 그럼에도 사회적 약자는 인권침해의 여지가 상대적으로 높은 편이기에 이들에 대한 배려는 필요하다. 병영 내에서 사회적 약자에 해당하는 계층은 아무래도 여군이나 병사, 환자, 성 소수자 등이라 할 수 있기에 이런 측면에서 이들에 대한 관심도가 상대적으로 높은 것뿐이다.

　또한 '당연히'는 인권을 행함에 있어 어떠한 조건이나 이유도 달아서는 안 된다는 의미다. 만일 A가 B에게 어떠한 혜택이나 보상을 준다는 이유로 "일정 부분 인권침해는 용인되는 것이 아닌가?"라고 생각한다면 이는 인권의 개념을 잘못 이해한 것이다. 인권은 전술한 바와 같이 인간이란 이유만으로 인간답게 살아가야 한다는 것으로 그 자체가 목적이지, 거래의 대상이나 도구가 될 수 없다.

인권이란 주제는 사실 원론적이며 무겁고 다소 접근성이 떨어지는 분야이기에 다루기에 쉽지는 않다. 다만 군에서 요구하는 가치와 인권은 공존할 수 있다는 신념을 가진 필자로서 평소 말하고 싶었던 주제이기도 했다. 이 두 가지 딜레마에 빠진 필자는 이야기 전개 형식과 방법을 놓고 많은 고심을 했다. 결론적으로 독자들의 이성과 감성을 자극해 스스로 느끼게 하는 기법이 중요하다고 생각하여 이를 구현하고자 스토리텔링식으로 내용을 전개하고, 법리적·이론적 논리 전개보다는 소설이나 에세이처럼 가볍게 읽게 한 뒤 막바지에 이르러 인권을 이해하게끔 하는 귀납적 접근방법을 택했다. 그럼 지금부터 인문학과 함께하는 인권 이야기의 서문을 열도록 하겠다.

역사 속 깍정이, 오늘날 다시 등장

때는 1392년, 조선을 개국한 태조 이성계가 한양 천도 계획을 발표하는 과정에서 고민이 생겼다. 한양은 고려시대 삼경 중의 하나로 남경이라고 불렸는데, 범죄자들의 은신처이기도 해서 내심 치안이 불안했던 것이다. 태조는 범죄자 식별만 된다면 재범 방지에 도움이 될 것으로 생각하여, 옥사에 있던 죄수의 얼굴에 먹으로 죄명을 새긴 뒤 방면하였다.

일명 '묵형(墨刑)'의 벌을 가한 셈인데, 묵형은 과거 중국에서 행하던 오형(五刑) 중의 하나로서 죄인의 이마나 팔뚝에 먹물로 죄명을 문신하는 형벌이다. 자자형(刺字形), 또는 경형(黥刑)이라고도 하는데 죄상을 얼굴 혹은 팔에 새김으로써 범죄경력이 있는 자임을 알리고 수치심을 주려는 목적으로 사용된 것이다. 오늘날 호되게 꾸중을 듣거나 심한 벌을 받을 때 쓰는 '경을 친다'라는 말도 여기의 경형(黥刑)에서 유래된 것이니 될 수 있으면 사용하지 말아야 하겠다. 우리나라에서는 고려시대부터 기록이 나오는데, 특히 조선시대에 이르러 대명률의 규정에 따라 묵형을 지속하다가 조선 후기 영조 때 지나치게 가혹한 처사라 하여 폐지된 바 있다.

어찌 되었든 묵형은 미국 작가 호손의 장편소설에 등장하는 '주홍글씨 A'(간통, Adultery) 낙인이나, 오늘날 성범죄자에 대한 '전자발찌'와 같은 일명 꼬리표였던 셈이다. 이성계는 묵형을 가하면 부끄러워 다른 사람들 앞에 나타나지 않을 것이고, 백성들 처지에서도 그들을 쉽게 식별할 수 있어 피해를 보지 않으리라 생각했던 모양이다. 그런데 예상 밖의 일이 일어났다. 그들은 죄명을 새긴 채로 혼자서는 살기 어려워 자연스레 무리를 이루게 되었고, 생계유지를 위해 구걸을 하거나 얼굴에 탈을 쓴 채 방상시(조선시대 장례를 할 때 악귀를 쫓는 사람)를 하며 백성들의 금전을 뜯어내는 악행을 하는 것이었다. 사람들은 무뢰배와 같은 이들을 '깍정이'라 부르며 경멸했고, 이것이 어원이 되어 오늘날 '깍쟁이', 즉 자기 이익만 밝히고 남을 배려하지 않는 사람들을 지칭하는 의미가 되었다. 그런데 냉정히 보면 깍정이도 억울한 구석은 있다. 아마 옥사에 간다면 이런 말을 했을 듯싶다.

"누가 내 얼굴을 깎으래? 나에게도 진정 인권이 있었던가?"

그런데 역사 속에서나 존재하던 이러한 깍정이가 ○일병 사건처럼 최근 병영에서 다시 등장하고 있다. 다소 어눌해 보인다는 이유로 생활관 등지에서 선임병 4명에게 지속적인 폭행을 당하다 사망한 사건인데, 그 과정을 살펴보면 상대적 우위에 있는 자에 의한 집단 괴롭힘 형태로서 왕따나 일본의 이지메 모습과 다를 바 없다. 가해자 처지에서는 "피해자가 잘못했기 때문에 군의 공익적 가치를 위해 합당한 벌을 가했다."라고 항변할 수도 있겠지만, 반대로 같은 이유로 누군가 당신을 괴롭힌다면 그땐 무슨 말을 할 수 있을까? 그야말로 궤변이자 언어도단에 불과하다. 과거 무리를 이루어 약자에게 금품을 뜯어 갔던 깍정이의 모습과 다를 바 없는 것이다. 국가방위와 국민의 보호를 사명으로 하는 우리 군이 비겁하게 조선시대에나 존재하던 깍정이와 같은 행동을 해서야 되겠는가?

  학교로 눈을 돌려 보자. 전 국민을 경악하게 했던 학교폭력 사건. 지난 2011년 12월에 발생한 일이다. 대구 ○○중학교 2학년 학생이 같은 반 학생들로부터 분 단위로 휴대전화 메시지로 협박을 당하고, 온라인게임 레벨 올리기나 숙제를 대신하고, 돈과 옷 등을 갈취당하다 결국 아파트 베란다에서 투신한 사건이 발생했다. 특히 가해자는 자신의 캐릭터 레벨을 올리기 위해 피해 학생에게 자기 ID로 게임을 하게 시킴으로써 피해자는 잠을 제대로 잘 수 없었고, 심지어 부모님의 기대에 부응코자 공부를 하려 해도 할 수가 없었다고 한다. 이들은 피해자가 반항하면 수십 대씩 두들겨 패고, 무릎을 꿇리고 라디오를 들게 하는 등 이루 말할 수 없는 폭행과 모욕을 가했다. "…… 저는 먼저 가서 100년이든 1,000년이든 저희 가족을 기다릴게요. …… 부모님께 한 번도 진지하게 사랑한다는 말을 못 전했지만 지금 전할게요. 엄마, 아빠 사랑해요!" 언론에 공개된 유서의 일부다. 나머지 내용은 눈물겨워서 차마 지면에 싣지 못할 정도다. 이쯤 되면 가해자들은 깍정이 정도가 아니라 악마다. 사건을 수사한 경찰도 "조폭보다 더한 것 같다."라며 탄식한 이 사건은 학교폭력의 심각성을 전국적으로 알리게 되는 전기(轉機)가 되었다.

그런데 사실 이 학교에서는 같은 해 7월에도 여학생 자살 사건이 발생했다. P양은 단짝 친구의 따돌림 문제를 알게 되어 문제 해결에 나섰으나 쉽지 않았다. 그래서 담임교사에게 도움을 호소하는 편지를 담임교사의 책상에 두고 나왔다. 그러나 담임교사는 단체 기합이라는 어설픈 방법으로 문제에 대응하였다. 자신 때문에 같은 반 학생들이 단체 기합을 받게 됐다는 죄책감과 또래 집단의 눈총을 견디다 못한 P양은 결국 자살을 선택했다. 더 기가 막힌 것은 학교 측의 태도다. 이후 주변 관계자들에게 "P양은 교통사고로 죽었다."라고 얼버무렸다고 하니, 가히 인권유린의 끝판왕이라 할 수 있다.

이 대목에서 왕따에 대해 한번 생각해 보자. 군에서의 ○일병 사건이나 ○○중학생 자살 사건을 보면 모두 왕따와 관련되어 있다. 왕따는 '王 따돌림'이 어원으로 집단에서 특정인을 따돌리는 일 혹은 그 대상을 일컫는 말이다. 최근에는 '은따'(은근히 따돌림)나 '전따'(전교생이 따돌림), '아싸'(아웃사이더)라는 용어도 생겼는데 따돌림 문제가 사회적 관심사임엔 틀림없나 보다. 그럼 왕따를 당하면 어떻게 될까? 왕따를 당한 사람의 경험담이나 각종 왕따 관련 상담 사례를 보게 되면 왕따는 정신적 고통뿐 아니라 숨을 쉬기 어렵고 식은땀까지 나는 등 육체적 고통도 겪게 된다고 한다. 그런데 비단 이뿐이랴? '미국 정신의학 저널(American Journal of Psychiatry)'에서는 어린 시절 왕따 경험은 그 후유증으로 40년 후에도 자살을 생각할 정도로 나쁜 영향을 끼친다는 연구 결과를 내놓았다. 즉 왕따 트라우마가 생기는 것이다. 이러한 트라우마는 스트레스, 우울증, 불안장애, 자살 충동은 물론 인간관계에 대한 극심한 두려움을 야기시킨다. '과거가 현재의 발목을 잡으며, 과거로 인해 현재의 관계도 망치게 되는 것이다.'

다수의 사회심리학자 견해에 따르면, 집단 따돌림을 하는 현상은 스트레스를 약자에게 풀고자 하는 심리와 과거 내가 소수에 속했을 때 핍박을 받았으니 다른 소수 역시 핍박을 받아야 한다는 보상심리, 역설적으로 내가 약자가 될 수 있다는 두려움에서 벗어나고자 하는 심리 등 갖가지 이유가 있다고 한다. 그렇다면 왕따 피해를 보고 있는 사람들을 어떻게 도와줄 수 있을까?

'더 공감 마음학교' 대표 박상미 씨는 왕따 사건 판결문 100여 건을 분석해 보니 모든 판결문에 공통 문구가 있었다고 했다. 바로 "피해자는 아무 잘못이 없음에도 불구하고"라는 문장이다. 굳이 이유를 대자면 '못생겼다, 키가 작다, 왠지 기분 나쁘게 생겼다'라는 것인데 정말 얼토당토않은 것이다. 그런데 문제는 이때 피해자는 자신이 아무런 잘못이 없음에도 불구하고 '내가 또 뭘 잘못했지?'라고 자신의 잘못을 혼자 생각하게 된다는 것이다. 잘못이 뭔지 모르니 더욱 고통스럽다.

통상 왕따를 당하는 사람은 문제의 원인을 자신에게서 찾는다. 이러한 현상이 지속되면 자존감이 떨어지게 되고, 자신을 스스로 파괴하는 인지부조화로 이어지며 결국 극단적인 선택까지 하게 되는 경우가 생기게 된다. 따라서 이들에게 섣불리 '마음의 문을 열고 네가 먼저 상대방에게 다가가라'라고 하거나, 반대로 가해자들에게 '앞으로 괴롭히지 말고 사이좋게 지내라'라고 당부하는 조언은 상황을 더욱 악화시킬 가능성이 크다. 왕따를 당하고 있는 이들에게 있어 대인관계는 '극복의 대상이 아니라 공포와 두려움의 대상'이 되기 때문이다. 차라리 가해자들과 격리하는 편이 훨씬 낫다. 중재자에 의한 어설픈 화해 강요는 가해자들에게는 복수심을, 피해자에게는 두려움만 안겨 주고 2차, 3차 피해만 볼 가능성이 매우 크다. 따라서 가해자들에게 "너는 이들에게 관심 보이지 마라."라고 단호하게 얘기할 필요가 있고, 더 이상의 가해행위를 못 하게 하려면 강력하게 대처해야 한다. '좋은 게 좋은 것'이라는 식으로 대책 없이 선처해서는 안 되는 것이다. 앞서 왕따를 당하면 트라우마가 생긴다고 했는데 가해자 역시 마찬가지다. 왕따와 관련된 가해 경험이 있는 사람은 성인이 되어서도 가해를 저지를 확률이 높다는 연구 결과도 나왔다. 왕따 문제, 가볍게 볼 게 아니다.

한편, 피해자들에게는 "네가 문제가 있는 게 아니라 다른 사람들이 문제가 있다. 너는 사실 아무 잘못이 없다. 그러니 피해 경험 때문에 울고 있는 너 자신부터 먼저 위로하고 달래 줘라. 사실 인간관계는 누구나 어렵다. 네가 친구를 사귀기가 힘들다면 마음에 드는 친구 한 명만 사귀어라. 그리고 그 친구와 함께 서로서로 위로하며 서서히 친구 사귀는 연습을 하면 된다. 힘들면 그것도 안 해도 된다. 세상에서 제일 좋은 친구는 바로 나 자신이다. 기죽지 말고 당당하게 살아가라."라는 등의 충분한 위로가 필요하다. 이러한 측면에서 앞서 P양 담임교사의 단체 기합이라는 조치는 왕따의 본질과 인간 심리에 대한 몰이해에서 비롯된 것으로 비난받아 마땅하다.

필자가 지휘관을 하면서 또는 각종 사건·사고를 수사하거나 정신적으로 고통을 받고 있는 장병들과 상담을 하다 보면 의외로 학창 시절 왕따를 당한 경험자를 많이 만나게 된다. 앞서 설명했듯이 일단 왕따를 당하면 대인관계는 두려움과 공포의 대상이 된다. 이들에게 있어 학급은 적어도 동년배이자 평소 안면이 있는 친구로 구성된 집단이었음에도 대인관계에 어려움을 많이 겪었는데, 하물며 상하 관계가 뚜렷하고 생전 처음 접하는 이질적인 문화에다 고향도 전부 다른 군대라 하면 오죽하겠는가? 적응하는 것이 절대 만만치 않다. 따라서 왕따를 경험한 자에게는 각별한 관심과 애정, 격려가 필요하다. 굶어 죽어 가는 어린이에게는 다른 것에 우선하여 먹을 것을 주는 것이 인권이듯이 이들에게는 왕따의 악몽에서 벗어나도록 제도적 조치나 배려를 해 주는 것이 인권이며, 인간다운 삶을 살아갈 수 있는 원천이 된다.

갑질과 스페인 '세빌(Sevil) 선언문'

그렇다면 최근 사회적으로 많은 반향을 일으키고 있는 갑질은 또 어떤 것일까? 갑질은 권력의 우위에 있는 갑이 권리관계에서 약자인 을에게 하는 부당행위를 통칭하는 개념으로, 이 역시 왕따와 마찬가지로 타인에 대한 공감능력이 결여되어 발생하는 현상이다. 이러한 현상은 사실 세계 어느 곳에서도 나타날 수 있는데 가부장적 유교 문화가 남아 있는 우리나라에서 유독 심한 것 같다. 왕조 국가에서나 있을 수 있는 신분제도가 민주주의 사회에서 '갑'과 '을'이라는 이름으로 새롭게 탄생한 셈인데, 오죽했으면 "고객님! 주문하신 커피 나오셨습니다."라는 과거 듣도 보도 못한 '사물 존칭'이 등장했겠는가? 사물인터넷도 아니고 말이다. 이 역시 높임법이 발달한 우리나라에서 말투 가지고 이미 갑질 문화에 익숙해진 고객에게 꼬투리를 잡히지 않으려는 '을'의 방어심리에서 나오지 않았나 생각된다.

그러던 중 대한항공 땅콩회항 사건, 주차요원의 무릎을 꿇린 VIP 모녀 사건, 대기업 회장의 운전기사 폭행 사건 등 우리나라를 떠들썩하게 했던 사건들이 발생했다. 이를 두고 〈뉴욕타임스〉에서는 2018년 4월 13일 대한항공 물컵 사건을 보도하며 'gapjil(갑질)'이라는 신조어를 사용했는데, 이는 한국사회의 특별한 갑-을 관계와 그에 따른 횡포를 표현할 마땅한 방법이 없었기 때문이다. 인간은 누구나 평등하다는 인권의 기본 개념이 무색해지는 순간이기도 하다.

또한, 2019년 7월부터 시행되고 있는 '직장 내 괴롭힘 방지법'. 정확히 표현하자면 개정된 근로기준법 제6장의 2에 해당하는 내용인데, 사용자나 근로자가 직장에서 지위나 관계에서의 우위를 이용해 다른 근로자에게 신체적 고통을 주는 것을 금지하는 법이다. 이러한 법률도 결국 갑질 현상을 더는 방치하기 어려운 사회적 분위기가 고려된 것이 아닌가 생각된다.

그렇다면 왜 이러한 갑질 행위가 끊이지 않는 것일까? 프로이트로 대표되는 정신역동적 관점에서 볼 때는 자아(ego)가 원초적인 성적 추동이나 공격적 추동인 이드(id)에 압도당한 결과라고 설명하고 있으며, 폭력성은 인간의 본성이라고 주장하는 학자들도 많다. 또한, 일본의 뇌과학자 '나카노 노부코'에 따르면, 인간의 뇌는 공동체에 방해가 될 만한 인물을 발견하면 생크션(사회적 제재)이 나타나는데, 그 증상이 가벼운 조소로부터 죽임에 이르기까지 다양하다고 한다. 또한, 생크션이 과하게 되면 쾌감을 주는 신경전달물질인 도파민도 뇌에서 과다 분비되는데, 이로 인해 자신의 사적 제재가 정의롭다고 생각하며, 갑질에 대해 자각조차 하지 못하고 나아가 쾌감까지 생겨 갑질이 쉽게 멈추지 않는다고 한다. 일명 '권력중독'에 빠진다는 것이다. 심리학자 '데이비드 와이너(David L. Weiner)'도 사람이 권력중독에 빠지게 되면 자신의 지배권이 조금이라도 침범당했다고 생각할 때 불같이 화를 내고, 자신을 조금이라도 비판한다면 자신의 지위와 권위에 대한 도전으로 간주해 복수를 꿈꾸는 경향이 있다고 말하고 있다. 또한, 이런 사람은 우리 뇌의 신경세포에 있는 '거울신경(mirror neurron)'이 거의 작동하지 않아 부하 직원이 느끼는 고통을 공감하지 못한다고 한다. 이쯤 되면 도파민 수치를 정상수치로 만들어 주는 등의 정신과 치료가 필요한데, 이렇듯 상당수 학자가 갑질의 원인을 '인간의 폭력적 본성과 뇌의 오작용'을 갑질의 원인으로 설명하고 있다.

그런 차제에 1986년 스페인 세빌대학교에서 세계 10개국 각계(심리학·생물학·유전학·인류학 등) 전문가 20명이 공동으로 "인간에게 폭력적 본능은 없다."라는 의미 있는 연구 결과를 발표했다. 이른바 '세빌(Sevil)선언문'인데, "전쟁이나 폭력적 행위가 인간의 본성에 유전학적으로 프로그램이 되어 있다는 주장은 과학적 근거가 없다. 갑질이나 공격적 행위는 본능이 아니라 주변에 영향력을 행사하려는 인간의 본능이 성장하는 과정에서 습득되고 변형된 사회적 행위로써 학습의 결과다."라는 것이 주된 내용으로 필자가 여러 심리학자 견해 중에서도 공감하는 이론이며, 우리에게 시사하는 바도 크다.

엄밀히 말하자면 사실 과거 행동주의 심리학자 '스키너'도 비슷한 입장을 펼쳤다. 스키너에 의하면 사람들의 개별적 반응 레퍼토리는 타고난 성격이나 특질이 아니라 '살아오면서 노출된 학습 상황들로부터 생겨나는 것'이고, 개인의 반응 역시 단지 이전의 경험에 근거한다고 했다. 또한, 사회적 인지이론을 주장했던 심리학자 '반두라'도 관찰학습이론으로 인간의 행동을 설명했는데, 가령 아이들에게 성인이 인형을 때리는 모습을 동영상으로 보여 준 뒤 그와 비슷한 인형을 아이에게 가져다주면 아이들은 공격적 언어 사용과 함께 그 인형을 때리는 행위를 반복한다는 것이다. 이른바 '보보 인형' 실험인데, 중요한 것은 인형을 때리지 않은 성인을 본 실험대상 아이들에게서는 폭력 행동을 전혀 볼 수 없었고, 아이들이 실상 그 비디오를 주의 깊게 보지도 않았다는 사실이다.

이를 갑질 현상에 접목해 보면 결국 갑질도 타고난 본성이 아니라 의도적이든 아니든 간에 누군가의 행위를 보거나 들으면서 학습되었고, 그것이 지속되다 보니 죄의식이나 타인에 대한 공감능력이 떨어지게 되었으며, 더욱이 갑질 행위에 수반되는 쾌감이나 물질적 이득 등 적절한 보상도 있었기에 그러한 행위를 계속하게 되었던 것이다. 갑질이 본능이 아닌 사회적 학습이라면 해결책은 분명하다. 갑질을 하는 사람도 사실 사회적으로 문제가 되는 행위라는 최소한의 인식은 남아 있다. 다만 조절이 안 되는 것이기 때문에 도파민을 정상화하는 의학적 치료와 함께, 주변 환경과 문화를 바꿔 주고 개개인에 대해서는 교화와 인성교육을 적절히 접목하는 습관 교정을 한다면 치료가 가능할 것이다.

"상대방의 마음을 늘 헤아리고, 나보다는 공동의 이익을 위해 평생 고민해 왔다."라는 어느 신부님의 말씀이 생각난다. 약자에게 함부로 하는 것은 사실 아무나 할 수 있다. 하지만 존경을 받으려면 약자를 섬겨야 한다. 이런 문화가 확산되면 손쉽게 선(善) 기능의 사회학습이 이루어질 것이고, 그렇게 되면 갑질은 사라지리라 본다. 그리고 이는 군도 마찬가지다. 같은 이치로 주둔지 단위마다 인간존중의 문화와 기풍이 확고히 자리 잡는다면 이 역시 학습이 되어 장병 인성함양은 물론 사고예방에도 분명 도움이 될 것이다.

요즘 인권 문제가 화두인데 '인권은 복지라 볼 수 없다. 인권은 인간으로서의 누릴 최소한의 가치다.' 주변과 여건을 탓하지 말고 나부터 실천해 보자. 군대도 갑질 현상에서 자유로울 수 없다. 상급자의 하급자에 대한, 선임병의 후임병에 대한 갑질 행위. 갑질을 계급에 대한 보상이나 권리로 생각해서는 안 된다. 계급은 그 사람의 경험과 능력을 나타내는 것으로 명령이나 지시는 계급에서 나오는 것이 아니라 직책에서 나오는 것이다. 따라서 단지 고참이란 이유만으로 하급자나 후임에게 부당한 지시를 해서는 안 된다. 2020년도, 약자를 배려하는 사람 중심의 가치와 정신을 갖춘 조직으로 우리 군이 먼저 앞장서 보면 어떨까?

• • • • • • • • • • #1. 지휘관에게 고(告)하는 글 • • • • • • • •

지휘관은 군을 직업으로 선택한 간부와 국가방위라는 숭고한 사명은 있지만, 자칫 의무복무의 한계 속에서 수동적으로 흐를 수 있는 병사들을 잘 다루어 부여된 목표를 성공적으로 완수해야 한다. 그러기 위해서는 신분이나 계급 고하를 막론하고 구성원들을 공동의 목적으로 단결시키는 능력과 의지, 기술이 필요한데 이를 '지휘통솔'이라 부르기도 한다.

그런데 지휘통솔은 부대별로 처한 상황이나 여건, 적용 대상이 달라 일반적인 원칙들을 그대로 적용하기에는 무리가 따른다. 그러기에 지휘관들은 나름의 관(觀)과 철학(哲學)을 바탕으로 엄정함과 너그러움, 강함과 유연함, 지혜와 신의 등을 두루 갖추어 이를 상황에 맞게 합리적으

---

2) '병영문화단상'은 병영 내 각종 현상과 일화를 모티브로 필자의 생각을 정리한 칼럼으로 군 생활을 하면서 꾸준히 작성해 온 글이기도 하다. 본 책에서는 10개의 장 사이에 잠시 쉬어 가는 개념으로 소개하였다. 병영문화단상은 그 목적과 성격상 '인권'을 주제로 한 본문 내용과 사뭇 다를 순 있겠으나 여러 칼럼 중에서 가급적 본문과 관련 있는 내용을 수록하였으며, '안전'과 '자기계발' 분야도 포함하였음을 밝혀 둔다.

로 적용해야 한다. 그래서 '부대지휘를 아트(art)의 영역'이라 불리는 것이다. 비슷한 여건임에도 두 부대의 전투력이 상이한 것은 바로 이러한 지휘관의 능력 차이에서 비롯되는 것이며, 이는 마치 오케스트라 지휘자의 경우와 다름이 없다.

필자는 지휘력을 발휘할 객체가 되면서도 지휘력을 빛나게 해 줄 주체가 바로 '소속 부대원'이라 생각한다. 여기에는 간부와 병 모두 해당되지만 우선하여 필자는 간부에게 초점을 맞춘다. 군 조직의 특성상 간부의 역량은 곧 병사의 역량과 직결되기 때문이다. 간부 역량 강화를 위한 방법은 여럿 있을 수 있겠으나 그중 자아효능감 회복이 급선무다. 뭘해도 잘 안되는 부대는 대체로 간부들이 잦은 질책으로 인해 무력감에빠져있는 경우가 많다. 마치 '학습된 무기력 이론'과 같이 '내가 그렇지 뭐…… 나는 정말 쓸모없어. 결국, 나에게 안 좋게 일이 일어나는구나.'라고 생각하며, 그냥 포기하고 마는 것이다. 이런 경우에는 지금까지 해오던 방식의 교육이나 지도, 제재만으로는 효과를 발휘하기 어렵다.

이건희 삼성그룹 회장은 "인센티브는 신상필벌(信賞必罰)이 아니라 신상필상(信賞必賞)이며, 이것은 인간이 만든 위대한 발명품 중의 하나다. 직원의 성과가 다소 부진하더라도 질책하는 대신 또 다른 유형의 인센티브를 주고 격려를 하면 두 세배의 효과를 거둘 수 있다."라는 경영철학을 밝힌 바 있다. 이는 그만큼 조직의 성과에 자아효능감이 커다란 영향을 미침을 말해 준다고 하겠다. 일부에서는 이윤 추구가 목적이 아닌 군에서 이를 접목하기엔 무리가 따른다고 반박할 수도 있겠지만, 군은 운명공동체적 성격으로 사람을 핵심가치로 하며 전투력 발휘를 목적으로 하기에 이러한 방법은 기업의 경우보다 오히려 더 큰 성과를 거둘 수 있다고 필자는 확신한다.

따라서 누구에게나 있는 단점을 들추어 부각하는 것처럼 어리석은 지휘관은 없다. 적절한 질책도 때에 따라 필요하겠지만 기본적으로 간부 개개인의 장점을 발굴, 인정해 주고 잘한 일에 대해 칭찬과 보상으로 사기를 높여 주는 데 관심을 가져야 한다. 그럼 응당 다른 일도 잘하게 된다. 둔재(鈍才)가 제갈량으로 탈바꿈하는 것이다. 이런 방법 등을 통해 간부의 역량을 성장시킨다면 부대의 성과와 전투력은 자연스럽게 창출이 된다.

또한, 지휘관은 '아님'이 분명함에도 시류에 편승하거나 개인의 영달을 위해 막무가내로 부대원을 밀어붙여서는 안 된다. 이는 부대를 위태롭게 하는 것이고, 그간 군의 지휘관을 신뢰해 온 통수권자나 국민들에게 반역하는 것이며, 충직한 부하들과 훌륭하게 부대를 지휘해 왔던 선배 지휘관에 대한 배신행위가 됨을 깊이 인식해야 한다.

병사들에게는 자아실현을 위한 환경조성에 많은 시간과 노력을 투자해야 한다. 환경은 물리적 공간뿐 아니라 부대의 문화, 정신적 요소까지 모두 포함되는데, 이런 요소들이 자아실현의 밑거름이 되기 때문이다. 이를 바탕으로 지휘관이 신념을 가지고 병사들을 올바른 국가관과 가치관을 지닌 인재로 성장시킨다면 군 전투력에 도움이 됨은 물론이고, 이들이 전역 이후 곧 대한민국의 미래 자산이 되기 때문에 매우 보람된 일이 될 것이다.

그리고 효율적인 부대관리와 전투력 창출을 위해서는 병사들에게 비전과 가치를 제시하며 "너희는 통제와 관리의 대상이 아니라 지휘관, 간부들과 함께 이 부대를 이끌어갈 사람"이라는 '동반자 의식'을 심어 줄 필요가 있다. 만일 병사들은 의무복무를 하므로 주인의식이 없고 매사 수동적일 것으로만 생각한다면, 역으로 간부들도 국민의 세금으로 마련한 국가 재원으로 월급을 받고 상응한 임무만 수행하는 사람으로 간주될 수 있다. 피차일반(彼此一般)이란 소리다. 따라서 동반자 의식의 전제(前提)가 되는 것은 간부나 병과 같은 신분 관계 여부가 아니라 '애대심'과 '주인의식'이라 할 수 있다.

만일, 지휘관과 간부, 병사들이 의기투합하여 '한번 해 보자!'라는 마음이 들면, 즉 삼위일체(三位一體)의 동반자 상태가 된다면, 그 폭발력은 상상을 초월한다. "부대 전 병력이 주인의식을 가졌는데 못할 것이 무엇이며, 무엇이 두렵겠는가?" '관념적 수사(觀念的 修辭)'가 절대 아니다. 이론적으로는 물론 그간의 경험으로도 확신하기에 이를 지휘의 요체로 생각하는 것이다. 그리고 이를 구현하는 기술과 능력이 곧 해 지휘관의 역량이 된다.

개인적으로 필자는 어느 직책에서 근무하든 '무난하게 근무했다'라는 소리를 듣고 싶지 않다. 유능한 지휘관은 사랑받고 칭찬받는 사람이 아니다. 그는 그를 따르는 사람들이 올바른 일을 하도록 하는 사람이다. '리더십은 인기가 아니다. 리더십은 성과다.' 좋은 리더십이란 부하들의 마음을 변화시켜 행동을 바꾸고 최종적으로 '목표'를 달성케 하는 능력임을 잊지 말아야 한다. 따라서 지휘관은 자신이 속한 조직을 성장시키고 구성원들의 역량을 최대치로 끌어올리는 데 사활을 걸어야 한다. 이런 행동이야말로 전 부대원이 서로 도움(win-win)이 되어 군의 존재가치를 구현하고, 부여된 임무를 완수하는 가장 효율적인 가치가 되기 때문이다.

지휘관은 군림하는 사람이 아니다. 지휘관은 국가안보라는 국가와 국민, 부하들이 부여한 신성한 의무를 다하기 위해, 또한 그러한 기대치를 충족시키기 위해 봉사하는 사람이다. 부하들이 당당한 모습으로 나날이 발전하는 모습이 그저 흐뭇한, 그것을 일상의 기쁨으로 여기는 지휘관들이 가득한 멋진 육군의 모습을 기대해 본다.

2장

성폭력은
약자에 대한 약탈

미투(Me Too) 현상에 대한 소고(小考)

최근 모 쇼트트랙 국가대표 선수가 코치로부터 수차례 성폭행을 당했다고 폭로함으로써 사회적 반향을 일으키고 있다. 더욱이 이 소식이 알려지자 피해자가 더 있다는 증언도 이어지고 있는데, 일명 체육계 '미투 운동'이 발생한 셈이다. 미투란 SNS상에 '나도 피해자'란 의미의 해시태그를 달아(#MeToo) 자신의 성폭력 피해 경험담을 고백하는 캠페인인데 2017년 미국에서 시작되었지만, 우리나라에서도 2018년 1월 검찰청 내부 성추문 사건 이후 가속화되고 있다.

이번 사례는 성폭력 그 자체도 문제지만, 선수의 진로에 중대한 영향을 미치는 자가 그 대상에게 수년 동안 지속해서 행한 성적 약탈이라는 점에서 사안의 심각성이 있다. 조직사회에서 권력과 지위를 가진 자가 그 힘을 이용하여 약자를 누르면 쉽게 길들일 수 있고, 심지어 소모품으로 간주하는 사고! 오죽하면 이번 사건을 두고 심리적으로 길들이고 지배한 후 성폭력을 가하는 '그루밍 성폭력'이라 주장하기도 하겠는가? 이것은 약자에 대한 중대한 인권침해다.

또 다른 측면에서 보면 비록 여론의 거센 반발로 정정되기는 하였지만, 최초 언론 보도 시 가해자의 이름은 빠지고, 피해자의 실명이 거론된 '○○○ 성폭력 사건'이라는 제하의 기사가 실렸다는 점이다. 피해는 여자 선수가 받았는데 왜 남자 가해자의 이름은 빠지고 여성의 실명이 거론되는지? 이런 것이 혹 우리 사회의 불편한 진실이 아닌지 곱씹어 봐야할 일이다. 이러한 현상은 2015년도 용인의 한 아파트 내에서 발생한 이른바 '캣맘 사건'에서도 찾아볼 수 있다. 이 사건은 아파트 화단에서 길고양이 집을 지어 주던 50대 여성이 초등학생이 옥상에서 던진 벽돌에 맞아 사망한 사건으로 엄연한 '용인 초등학생 벽돌투척 살인사건'이다. 그런데도 언론이나 각종 SNS상에서 '캣맘녀'라는 등의 자극적이고 희화화된 표현을 무분별하게 사용함으로써 사건의 본질을 흐리고 사망자의 명예를 훼손하는 일이 발생했다. 이것은 여성의 인권을 짓밟는 행위로 여자 선수 성폭력 사례와 같은 명백한 성차별임이 틀림없다.

미투 운동 참여자에 대한 2차 가해도 문제다. 피해자들이 어렵게 용기를 내서 성폭력 사실을 폭로하였건만 그 원인을 피해자에게 돌리거나 피해자의 개인정보를 함부로 파헤쳐 이를 공개하면서 평소 행실이 어떻다는 둥, 돈 때문에 뒤늦게 성폭력 사실을 알리는 것이라는 둥 특별한 근거나 검증 없이 폄하하는 일도 자주 발생하고 있다. 주객이 전도된다는 말이 마치 여기서 나온 듯하다. 그것도 당사자나 이해관계자도 아닌 일반 대중이나 특정 세력이 다른 의도로 이러한 행동을 한다는 사실에 놀라움을 금하지 않을 수 없다. 본질은 성폭력 피해를 본 피해자의 인권인데, 여기에 무슨 이유가 필요하단 말인가? 때로는 이것이 집단지성인 양 무리를 지어 맹공도 펼치는데 심히 유감스럽다.

일각에서는 자신의 성폭력 피해 사실을 대중에게 호소하는 이러한 방식이 과연 옳은 것인가? 하고 문제를 제기하기도 한다. 우리나라는 법치주의 국가로서 사적 제재가 허용되지 않는다. 응당 수사기관에 가서 고소하면 될 일을 이런 식으로 감정에 호소하고 대중이나 언론의 힘으로 해결하려고 하는 것은 바람직하지 않다는 논리다. 그러나 급박한 상황이거나 공소시효가 지난 경우, 또는 혼자 힘으로 수사기관의 도움을 받기 어려운 상황이라면 이야기는 달라진다. 더욱이 당시 시점에서는 누구도 자신을 도와주지 않는다는 심리적 두려움과 극도의 소외감, 그리고 절박한 심정뿐이었다는 피해자의 진술도 한번 곱씹어 볼 필요가 있다.

미국 정신의학계에서 출간하는 『정신질환 진단 및 통계 편람(DSM-5)』을 보면 '불안장애'를 주요 정신장애로 분류하고 있다. 또한, 연구 결과에 의하면 불안장애가 있는 사람은 안절부절못하고 심한 발한과 떨림 현상을 느끼는 '신체적 이상 증상'과 다른 사람에게 의존적으로 매달리는 '행동적 이상 증상' 그리고 미래에 대한 막연한 근심, 통제력 상실에 대한 두려움을 보이는 '인지적 이상 증상'의 특징을 보인다고 한다. 물론 불안장애와 미투 운동을 연결하려는 의도는 결코 아니다. 이와는 전혀 무관한 이들도 많을 것이다. 그러나 극심한 정신적 스트레스와 불안감은 인간에게 있어 이렇듯 신체, 행동 그리고 인지적 요소에 영향을 많이 줄 수 있음을 말하고자 하는 것이다. 그럼 그들의 심정과 행동을 어느 정도 이해할 수 있으리라 생각된다.

그렇다면 자신의 권력과 지위를 이용하여 여성을 길들이거나 때에 따라서는 성폭력도 가할 수 있다고 생각하는 인식의 기저는 어디에서 온 것일까? 사회적 학습인가? 아니면 인간의 본성일까? 또한, 그 시기는 언제부터인가? 충분한 선행 연구가 필요하기에 쉽게 단정 짓기 어렵겠지만 역사 속에서 사례를 반추해 보면 실마리가 풀릴 듯싶다.

조선 9대 왕 성종,
'주요순 야걸주(晝堯舜 夜桀紂)'

'주요순 야걸주(晝堯舜 夜桀紂)', 조선 9대 왕 성종을 일컫는 말이다. 낮에는 중국의 고대 전설상의 성제(聖帝)인 요순임금처럼 선정을 베풀지만, 밤에는 주지육림(酒池肉林)과 천하의 폭군으로 대표되는 하(夏)나라 걸왕과 상(商)나라의 주왕처럼 여성 편력이 화려하다는 의미다. 그도 그럴 것이 성종은 『경국대전』으로 법치체계를 완성하고, 『여지승람』, 『동국통감』, 『오례의』, 『악학궤범』 등 수많은 서적도 간행하였으며, 덕과 재주가 있는 문신들을 위해 학문에만 전념케 하는 호당(湖堂)제도를 다시 시행하는 등 법령 정비와 교육 등에 많은 관심을 가졌다. 어디 그뿐인가? 성종 2년 북방 두만강 일대의 여진족도 진압하고, 조선 개국 초기부터 소외되었던 지방 사림세력을 중앙에 진출시켰으며, 홍문관을 설치해 경연과 서연을 다시 여는 등 군주의 모범으로 조선 초기 르네상스를 이끈 성군임에는 틀림이 없다. 특히 25년 재위 동안 경연을 9,229번을 했는데, 이러한 압도적 숫자는 성종의 학문적 열망과 함께 관료들에 대한 존중이 대단했음을 말해 준다. 38세라는 이른 나이에 돌아가시지만 않았으면 성종(成宗)이라는 묘호가 말해 주듯 세종 못지않은 업적을 남겼을 것이라는 후세의 평가도 있을 만큼 국가의 체제도 많이 안정시켰다.

그러나 의외로 술과 여자를 좋아하여 12명의 왕비와 후궁으로부터 16남 12녀를 얻기도 했다. 정치를 잘하고 학문도 뛰어났지만, 여색을 밝히는 이러한 성향으로 인해 결국 왕비(폐비 윤씨)가 질투심에 눈이 멀어 성종의 얼굴에 손톱자국을 내는 사건이 발생했으며, 왕비 폐출 이후 성종은 궁중에 기생까지 끌어들이기도 하였다. 그러던 성종 11년 '어우동 스캔들'이란 대형 사고가 발생한다. 왕족에서 노비까지 수많은 사람과 간통한 혐의로 어우동이 잡혀 들어온 것이다. 『성종실록』에 언급된 사람만 17명. 구구한 사연은 둘째 치고 그들은 과연 어떤 처벌을 받았을까?

당시 간통죄에 대한 처벌은 대명률에 의거 최대 100대의 장형에 처하게 되어 있었다. 그러나 아이러니하게도 법치를 강조했던 성종이 도리어 어우동에게 목매달아 죽이는 교형(絞刑)을 선고하고, 그것도 모자라 당일 형을 집행하였다. 성리학적 유교 질서의 본보기로 삼겠다는 것인데, 지금의 시각으로선 명분을 앞세워 인간의 생명권을 무참하게 유린한 경우와 진배없다. 또한, 명백한 죄형법정주의 위반이기도 하다. 그런데 같이 간통죄로 잡혀 들어온 왕족이나 대신들은 대다수 무혐의 처리하고 복직까지 시켜 주었다. 모든 죄를 어우동에게 뒤집어씌운 셈인데, 뭔가 이상해도 한참 이상하다.

하기야 성종 본인부터 연산군을 낳았던 왕비 윤씨를 질투를 한다는 다소 석연찮은 이유로 폐위 후 사사(賜死)시킨 바 있지 않은가? 훗날 비극의 씨앗이 된 것은 물론이거니와 고려시대에도 없었던 최초의 일이기도 하였다. 자신이나 신하들의 여자관계에 대해서는 무척 관대하면서 여자들의 질투나 불륜에는 매우 엄격한 이중적인 잣대, 이를 어떻게 해석해야 할까? 더욱이 성종 8년에는 신료들의 반대에도 무릅쓰고 과부들의 재가를 금지하는 법을 만들었는데, 이 법은 사별한 과부조차 재혼하지 못하게 한 법으로서 비록 재혼 여성 본인을 직접 처벌하는 것은 아니었지만 자손의 과거 응시와 양반 관직 임명을 금지하는 내용을 담고 있어 상당한 구속력이 있었다. 지금도 마찬가지지만 자식에 대한 애정이 각별한 우리나라 정서를 생각할 때 이는 재혼하지 말라는 소리다. 그리고 여성이 할 수 있는 직업이 거의 없었던 당시 상황을 고려해 본다면 생계유지에도 직접적인 타격이 있었으리라 여겨진다. 즉 여성의 행복추구권과 생명권을 크게 위협한 것이다. 이로 인해 기생 연경비를 사랑한 남편(효령대군의 손자, 태강수 이동)으로부터 버림받은 어우동으로서는 재혼도 힘들어 불륜을 저지르는 단초가 되었다는 느낌도 든다. 이후 조선 후기에 이르러 성리학적 이념이 뿌리내리자 여성의 재혼은 아예 비윤리적인 것으로 간주하는 사회 분위기가 형성되어 버렸고, 결국 '재가금지법'은 1894년 갑오개혁 때 공식적으로 폐지될 때까지 400년간이나 지속되었으니 오늘날 성 평등 인식에 악영향을 끼친 것이 분명해 보인다.

물론 필자가 어우동이나 폐비 윤씨를 두둔하는 것은 아니다. 하지만 적어도 성종에게 있어 여성에 대한 인식은 쾌락을 얻거나 후손을 낳기 위한 한낱 도구이자 정절을 지켜야만 하는 대상으로, 조선이란 나라의 성리학적 가치를 구현하는 데 필요한 매체에 불과했던 것 같다. 그런 관점에서 본다면 당시 여성에게는 진정한 인권이 존재하지 않았다. 오늘날의 권력과 지위를 이용한 성폭력은 역사적으로 꽤 뿌리가 있는 셈이다.

신사임당의 탄식

또 다른 사례를 살펴보자. 우리나라 화폐 중 가장 고액인 오만 원권 표지 모델. 신사임당 얘기다. 율곡 이이의 어머니이기도 한 신사임당은 현모양처의 상징으로 널리 알려져 있다. 그러나 사실 신사임당의 실제 모습은 오늘날 생각하는 현모양처의 이미지와는 약간 거리가 있다. 남편 이원수와 대화할 때 유교 경전을 인용하면서 조목조목 반박하는 등 이성적·논리적인 성향이었으며, 남아 있는 자식들을 걱정해 자신이 죽으면 재혼하지 말라는 얘기까지 했다. 적어도 남편의 말에 순응하기만 하는 전형적인 조선시대 여성은 아니었던 것이다. 또한, 신사임당은 정치적 감각과 학문이 뛰어났고 특히 시와 그림에 능했다. 7세 때 이미 〈몽유도원도〉를 그린 조선 전기의 화가 '안견'의 그림을 사숙(私淑)할 정도였고, 사실적인 화풍으로 인해 풀벌레 그림을 마당에 내놓아 볕에 말리려 하자 닭이 와서 풀벌레인 줄 알고 쪼아 종이가 뚫어질 뻔했다는 일화도 전한다. 어쨌든 훗날 송시열과 숙종이 신사임당의 그림에 발문(跋文)을 쓸 정도였으니 그림 실력이 출중했던 것은 사실인 듯하다.

그런데 이런 신사임당도 남모를 고충이 있었다. 슬하에 4남 3녀를 두었는데 첫째 이선이 공부를 잘하지 못했나 보다. 3남 율곡 이이가 과거 시험에서 장원만 9번을 해서 당시 '구도장원공(九度壯元公)'으로 불렸던 반면, 장남 이선은 40세가 넘어서야 간신히 생원이 되었고, 남편도 늦은 나이에 과거에 급제하여 수운판관이라는 하위 관직에 나갔으며, 더욱이 신사임당보다 20세나 어린 주막집 여자를 첩으로 삼았기 때문이다. 거기다 신사임당이 병으로 사망하자 생전의 당부를 무시하고 결혼까지 해버렸다. 이후 이선을 필두로 자녀들은 매일같이 새어머니와 다퉜고, 율곡 이이는 아예 집을 나가 금강산에 들어가서 불법을 공부했다고 한다.

신사임당이 풀과 벌레를 소재로 그렸다고 전해지는 〈초충도〉. 안정된 구도로 각종 풀벌레가 상하좌우로 잘 배치되어 있고, 음영을 살린 고운 채색과 섬세하고 여성스러운 묘사가 매우 뛰어나다고 평가받는 작품이다. 그런데 필자가 보기에는 다른 풀과 벌레도 많은데 유독 들쥐나 개구리, 도마뱀, 사마귀와 같이 다소 혐오스러운 동물을 그다지도 섬세하게 그렸을까? 하는 의문이 든다. 그것도 예술이라면 할 말이 없겠지만, '여자라는 이유만으로 뜻을 한껏 펼치지 못하는 시대 상황에 대한 답답함과 가족관계에서의 남모를 고충을 달래고자 미물을 그리지 않았을까?'라는 생각을 조심스레 해 본다. 아마도 신사임당은 마당에서 노니는 미물을 보고, "너흰 미물이긴 하지만 나처럼 스트레스를 많이 받지 않고, 하고 싶은 대로 자유롭게 살아가지 않는가? 차라리 나보다 낫다."라고 생각하지 않았을까? 오늘날 기준으로 보면 우울증 증세가 있었을지 모르겠다.

훗날 서인 노론의 영수이자 주자학을 이끈 송시열에 의해 신사임당은 지금껏 알려진 현모양처의 이미지로 변신하게 된다. 이는 송시열이 이이의 학풍을 계승했기 때문에 이이를 올바르게 키운 어머니로 포장할 필요가 있었기 때문이다. 이런저런 사유로 시대를 뛰어넘는 사상가이자 예술인, 학문과 그림에 능한 신사임당의 모습이 많이 퇴색되긴 하였지만, 그럼에도 신사임당은 끝까지 남편을 바른길로 인도하기 위해 노력했고, 부모님도 정성껏 모셨으며, 율곡 이이라는 대학자를 길러낸 어머니기 때문에 현모양처라는 말이 영 틀린 것은 아닌 듯하다.

이 대목에서 조선 성종 때 또 한 명의 역사적 인물, 인수대비 이야기를 안 할 수 없다. 성종의 어머니이자 폐비 윤씨 사건에 직간접적으로 연루된 인물인데, 조선 최초로 한글로 만들어진 여성 교육서도 편찬했다. 바로 『내훈(內訓)』이다. 인수대비는 조선 사회가 곧 불교가 아닌 성리학에 의해 주도되리라는 사실을 알고 있었기 때문에 '변화에 익숙지 않은 딸이나 며느리들의 어리석음을 근심하여' 이 책을 쓰게 됐다고 발간 경위를 밝히고 있다. 내훈은 중국의 고전 중에서 여자도 알아야 한다고 판단되는 내용을 가려 뽑아 쉬운 한글로 풀이했다는 점에서 일면 긍정적인 부분이 있으나, 결과적으로 『내훈』은 남존여비 사상을 강화하고 여성의 사회적 지위를 낮추는 계기가 되었음을 부정할 수 없다. 『내훈』 중 일부를 소개하면 다음과 같다. 이 문장의 연장선에서 신사임당의 모습을 바라보면 지배층들의 조선시대 여성관에 대해 가히 짐작이 가리라 생각된다.

"아내가 비록 남편과 똑같다고 하지만 남편은 아내의 하늘이다. 예로써 마땅히 공경하고 섬기되 그 아버지를 대하듯 할 것이다. 남편이란 직책은 높은 것이 마땅하고 아내는 낮은 것이니, 혹시 남편이 때리거나 꾸짖는 일이 있어도 당연히 받들어야 할 뿐 어찌 감히 말대답하거나 성을 낼 것인가? (중략)

아들이 아내를 꽤 마음에 들어 하더라도 부모가 기뻐하지 않으면 내보내야 한다. 그러나 아들이 아내가 마음에 들지 않더라도 부모가 '나를 잘 섬기는구나.'라고 하신다면 아들은 부부의 예를 실천하며 죽을 때까지 허술히 하지 말아야 한다. 며느리가 잘못하면 이를 가르칠 것이고 가르쳐도 말을 듣지 않으면 때릴 것이고, 때려도 고치지 않으면 쫓아내야 한다. (이하 중략)"

시경(詩經) 소아편,
'수지오지자웅(誰知烏之雌雄)'

예나 지금이나 사람들 사이에서 끊을 수 없는 욕망 중의 하나가 정욕(情慾)이다. 정욕은 인간의 본성이기에 그 자체가 문제 될 것은 없다. 그러나 그 욕망이 사회적으로 허용하는 규범과 통제의 범위를 벗어나면 문제가 된다. 대표적인 경우가 바로 성폭력 범죄다. 성폭력은 여타의 범죄와는 달리 범죄의 객체가 인간 그 자체이기 때문에 약자를 누르는 잔인한 공격성이 내재되어 있고, 개인의 수치심과 고통의 정도가 극심할 수밖에 없다. 따라서 성폭력은 단순 형사법 범주를 넘어선 패륜 행위이자, 성적 자기결정권 등 인간의 소중한 가치를 임의로 찬탈하는 인권침해 행위가 된다. 그러기에 우리 사회는 인간의 정욕으로 인해 발생하는 범죄를 법률로 정하여 단죄하고, 각종 사회안전망이나 예방 시스템으로 이를 보완하고 있는 것이다.

그렇다면 이토록 심각하고 엄중하게 대처해야 할 성폭력 범죄의 발생

추이는 어떻게 될까? 이를 확인하기 위해서는 통계자료를 인용해야 하는데 사실 필자는 통계치를 크게 신뢰하지 않는다. 통계는 기본적으로 발생 건수를 의미하는 것이 아니라 형사입건의 수를 의미하고, 법령 개정에 따라 과거에 죄가 되지 않았던 일도 죄가 되는 경우가 생기고, 과학수사 기법의 발전으로 과거보다 증거 확보가 용이하여 실제 증감 추이와 무관하게 외견상 증가될 수 있으며, 성폭력 범죄의 특성상 과거에는 현재보다 신고를 꺼리는 경향이 많았기 때문이다. 그럼에도 각종 자료를 살펴보니 최근 군에서 처리한 성폭력 범죄 건수가 꾸준히 증가하고 있고, 사회적으로도 증가하는 추세임은 분명해 보인다.

그렇다면 좀 더 옛날인 조선시대에는 성폭력 범죄가 얼마나 발생했을까? 호기심이 들어 조선왕조실록 인터넷 홈페이지에서 '강간'을 키워드로 입력해 보니 209건(고종, 순종 때를 제외하면 198건)의 기록이 검색됐다. 숫자가 많은가? 일부 학자들은 조선시대의 경우 성리학을 바탕으로 한 신분제 국가라는 사회구조 때문에 어지간한 피해는 신고를 꺼렸을 것이고, 인구수도 지금과는 비교할 수 없을 만큼 적었음에도 200여 건이나 수록된 점을 들어 "조선시대는 성폭력 범죄가 매우 잦았다."라고 말하기도 한다.

그러나 역으로 생각해 보면 실록은 태조부터 철종(고종, 순종은 일제강점기 조선총독부 주도로 조선사편수회에서 편찬, 왜곡이 많아서 배제)까지 472년간의 역사적 사실을 기록한 것이기에 1년으로 치면 사실 0.4건(오늘날 국내 성폭력 범죄는 하루에 80여 건, 대검찰청)에 불과하다. 숫자상으로 너무 적고 유형도 대다수 단순강간이다. 그런데도 이런 것까지 조선왕조실록까지 실렸다는 것은 당시 성폭력 범죄가 아주 드물게 발생했다고 추정할 수 있으며, 조정에서도 이를 심각하게 여겼음을 유추할 수 있다. 물론 조선왕조실록만 가지고 발생 추이를 분석한다는 것은 무리가 따르겠지만, 이런 자료만으로도 성폭력 범죄는 과거 대비 대폭 증가하고 있고, 고금(古今)을 막론하고 죄악시하는 '사회악'이란 사실은 분명해 보인다.

성폭력 범죄를 저지르면 안 되는 본질적 이유는 타인의 인권을 무참히 짓밟고 가족들에게도 크나큰 고통을 남기기 때문이라는 점은 앞서 설명한 바 있다. 그렇다면 어떻게 예방할 수 있을까? 조선 중종 시절 황해도 감사 김정국의 예를 들어 보겠다. 당시 김정국은 『경민편(警民篇)』이란 책자를 저술하고 이를 예하 수령들에게 보내 대민 교화서로 활용했다. 김정국은 "위정자의 소임은 처벌을 하는 것이 아니라 백성들에게 미리 도덕 교육을 함으로써 죄에 빠지지 않도록 해야 하는 것"이라고 했다. 백성 스스로 자각하여 규범을 지키고 살아가게 하는 것이 통치의 기본이라는 소리다. 이를 위해 우리 조상들은 곳곳에 향교나 서당을 지어 교화에 정성을 기울였고, 이러한 교육기관을 통하여 나라의 근본을 서게 하고 강력범죄를 차단하는 가교 기능을 행하였다.

이러한 측면에서 필자는 형벌로써 범죄를 억제하는 방법과 함께 장병들을 도덕적으로 교화하는 기법 병행을 조심스럽게 제안한다. '교화'란 말 그대로 사회 구성원들을 도덕적으로 변화시켜 국가와 사회질서에 순응하게 한다는 의미가 있다. 어느 조직이나 기본이 중요한데 그 기본의 중심은 바로 사람이다. 개개인의 인성과 가치가 바로 서지 않으면 어떠한 교육도 실효성이 없다. 다행히 우리 군은 24시간 병영 생활을 하고 있고, 어느 조직보다도 일사불란한 지휘체계를 갖추고 있다. 따라서 교육 시스템 구비와 의지만 있다면 교화는 분명 효과가 있다. 성범죄 미수범 대다수가 결정적인 순간 범행을 포기한 것은 형량이 무서워서가 아니라 인간적으로 미안하고 도리가 아니라는 생각 때문이라는 분석과 "성욕은 본능이지만 학습으로 행동의 제어가 가능하다."라는 행동주의 심리학자의 말에 주목할 필요가 있다.

최근 군내에서도 여군의 비중이 점차 높아지고 있다. 이들은 우리의 소중한 동료이자 전우이며 여성이기에, 조직 발전의 시너지 효과를 내도록 배려해야 한다. 그러기 위해서는 시스템 구비와 처벌도 중요하지만, 성에 대한 인식의 전환이 필요하며 이를 위해 우선 성적 농담 등을 관대하게 용인하는 문화부터 바꿔야 한다. 반두라나 루터의 사회학습이론처럼 '조직의 문화는 학습이 되고, 학습된 경험은 조선시대 여성관 같이 개인에게 영향을 주기 때문이다.'

『시경(詩經)』소아편에 '수지오지자웅(誰知烏之雌雄)'이란 말이 나온다. 까마귀의 암수를 누가 알겠는가? 둘 다 새까매서 암수를 구분하기 힘들다는 말로, 사물의 옳고 그름을 판단하기 어렵다는 뜻이다. 그런데 사실 암수를 구분할 필요도 없다. 까마귀면 까마귀이지 암수 구분에 무슨 실익이 있겠는가? 하찮은 미물도 이럴진대 만물의 영장이며 고도의 지성을 지닌 우리 인간이 개개의 역량과 가치는 외면한 채 성 역할만 강조하며 애써 구분 짓는다면 도무지 이치에 맞지 않는다. 성은 비록 다르지만, 서로의 인권을 존중하고 배척이 아니라 상생을 도모하는 조직, 그것이 진정 국민이 바라는 건강한 육군의 모습이 아닌가 생각해 본다.

• • • • • • • #2. 병영 내 성폭력 범죄가 발생하는 이유 • • • • • •

성폭력 범죄는 왜 발생할까? 성폭력이 발생하는 근본적 이유는 선천적으로 성욕을 억제할 수 있는 유전적 요소가 부족한 사람이나 여성들과 접촉할 여건이나 기회가 부족한 사람 또는 사회적 고립과 정서 공감력이 결여된 사람들 즉 '성적 충동을 절제하기 힘든 사람'이 환경적 촉발 요인, 예컨대 술이라는 매개 등을 통해 그나마 남아 있던 이성이 마비되기 때문이다. 인간은 다른 동물들과는 달리 뇌(腦) 가운데 이성을 담당하는 전두엽이 발달하여 평소에는 원초적인 감정을 관장하는 변연계를 통제할 수 있다. 그러나 술을 마시게 되면 이야기는 달라진다. 알코올은 전두엽을 마비시키는 효과가 있는데, 술을 마시면 마실수록 전두엽의 작용으로 그간 억눌려 있던 변연계 기능이 활발해지면서 본능(성욕)의 영향을 많이 받게 된다. 이른바 평소에는 아무 감흥이 없던 이성(異性)이었음에도 술을 마시면 매력적으로 느껴지는 '비어 고글(beer goggle)' 효과가 나타나는 것이다. 지나친 음주를 금해야 하는 이유이기도 하다.

여기서 성 관련 취약계층에 대해 한번 살펴보겠다. 먼저 유전적으로 취약한 사람이다. 그런데 유전적으로 성에 취약한 사람은 집안 내력과도 관련이 있기에 단순한 면담이나 관찰만으론 알아내기 어렵다. 그런 사람들은 심층면담이나 인성검사 결과분석 그리고 분대장이나 주변 동료를 통해 성에 대해 과잉반응을 보이는지 또는 성도착증이나 성 정체감 장애 등 특이행동을 하는지 여부를 식별해야 한다. 식별만 되면 관리는 수월하다.

두 번째로 여성들과 접촉할 여건이나 기회가 부족한 사람인데 병사들이 바로 대표적인 경우다. 혈기 왕성한 나이에 통제된 병영 생활을 하다가 휴가 등 제도권 내에서 벗어나는 상황이 생기면 부지불식간 일탈하고픈 마음이 생기게 된다. 특히 여성과 물리적으로 차단된 '격오지 부대'는 이러한 현상이 더욱 심화된다. 이들에게 관심을 가져야만 할 이유다. 그런데 이 점에 있어서는 군 간부들도 자유롭지 못하다. 초급간부는 말할 것도 없고, 중견간부라 하더라도 직업적인 특성상 가족들과 별거하는 사람들이 많아 이러한 유혹에 빠져들 개연성이 있다. 특히 윤리의식이 결여된 사람은 더더욱 그렇다.

다음으로 사회적 고립과 정서 공감력이 결여된 사람인데, 다수의 성격심리학자가 지적하는 바와 같이 이 경우는 더욱 문제가 된다. 연구 결과에 의하면 성범죄자 중의 상당수는 성장 과정에서 성적 학대나 다른 형태의 폭력을 경험했다고 한다. 또한, 대부분 가족과의 관계에 문제를 가지고 있으며, 이것이 타인과의 관계 형성에도 영향을 미쳐 스스로 사회로부터 고립된 생활을 하려 하고, 낮은 자존감과 함께 자신감이 부족한 경향을 보이게 된다고 설명하고 있다.

사실 군내에서 발생했던 성폭력 사고도 사고자의 심리적 메커니즘과 비교해 보면 이러한 연구 결과와 거의 일치한다. 이들은 자신의 부족함이나 나약함을 여성에 대한 성 공격적 행동으로 잊으려 하고, 또한 이런 방법으로 자신의 권위나 힘을 나타내려고 한다. 본문에서 소개한 '미투 현상'이나 조선시대 '여성에 대한 그릇된 인식관'이 대표적인 경우로 성폭력은 바로 '약한 자에 대한 약탈'인 것이다. 치안이 좋은 동네보다는 저소득층 지역이나 도심 외곽에서 피해자가 많이 나오고, 미성년 강간이 늘어나는 이유도 범죄자들은 자신보다 약한 상대를 찾기 때문이다. 휴가 나온 군인이 손쉽게 성을 살 수 있는 성매매 업소에 발을 들이고, 병영 내 상급자에 의한 여군 관련 범죄가 발생하는 것도 이렇듯 약한 자를 찾는 심리적 현상과 관련이 있다. 따라서 개개인의 성장환경이나 대인관계 면에서 문제가 있는 사람에 대한 면밀한 관찰이 요구된다. 만일 이러한 성 관련 취약계층의 사람이 술을 만나게 된다면? 독자들의 상상에 맡기겠다. 술은 성 정체감이 부족한 사람에게 있어서 결정적 촉발요인이 된다.

성폭력이 발생하는 또 다른 이유는 성폭력범에 대한 미온적 대처 때문이다. 필자는 기본적으로 범죄자에 대한 형량 강화를 예방의 최선책으로 생각하지 않는다. 그럼에도 성범죄에 있어서 형량 강화는 범죄를 저지를 개연성이 있는 사람에게 '범죄억제 인자(因子)'로써 분명히 의미가 있다. 또한, 이미 수용된 사람에게 재범을 막을 수 있는 강력한 수단이 되기도 한다. 조선시대에 강간범은 교형(絞刑, 교수형)에 처했고, 강간 미수범은 장형(杖刑) 100대에 3,000리 유배형을 아울러 매겼다. 계급사회이긴 했지만, 상전을 성폭행하면 능지처참에 처하기도 했다. 필자는 조선시대처럼 하지는 못해도 성폭력 1건당 징역 30~50년 정도 선고한다면 충분히 억제력이 생긴다고 생각한다. 특히 병영 내 성폭력은 군 기강과도 관련되어 있기에 반드시 엄벌해야 형벌로서 억제기능이 발휘된다. 성폭력을 미온적으로 대처한다면 그간의 심리학적 연구 결과나 각종 통계 자료를 보더라도 '재범으로 이어지는 경우가 매우 많고, 쉽게 풀어주면 더 잔인하고 악랄한 수법으로 범죄를 저지르기 때문이다.'

한편, 성폭력 범죄는 인권이나 인성과도 밀접한 관계가 있는데 그럼에도 이러한 본질에 대한 사회적 인식이 부족하고 상응하는 교육이 따르지 않아 계속해서 증가한다고 생각한다. 여기에는 입시 위주의 교육 풍조도 한몫한다. 이 부분은 본문에서 황해도 감사 김정국을 예로 들어가며 설명한 바 있는데, 현실적으로 학교나 가정에서 이런 교육을 하기엔 제한이 많으니 24시간 병영 생활을 하는 군에서 강력하게 시행할 필요가 있다. 분명 효과가 많으리라 확신한다. 군대에서 국민의 생명과 재산을 보호하고 적의 무력행사를 거부·억제하는 역할수행은 물론이고, 장병들에게 건전한 가치관과 인성을 길러 주어 강력범죄를 차단하는 교화의 임무도 수행하면 좋지 않겠는가? 마치 과거의 서원(書院)처럼 말이다. 부대애칭을 넣어 '○○서원(○○書院)'이라 칭한다면? 생각만 해도 멋진 일이다. 도산서원이나 병산서원만 서원이 아니다.

느려 보이지만 가장 확실하고 빠른 길은 사람의 마음을 움직이는 방법인데, 이는 인문학을 바탕으로 한 교화가 큰 몫을 담당한다. 밥을 먹으면 몸을 움직일 에너지가 생기듯 인문학을 읽으면 마음을 움직이는 힘이 생긴다. 그런데 왜 인문학을 읽으면 마음을 움직일 수 있는가? "인문학은 전부 남 얘기다. 그런데 내 일 같은 남의 일이고, 더러는 내 일과 똑같은 남의 일이다. 책 속의 남이 찾아냈던 빛은 그대로 나에게 투영되고, 짧은 시간에 많은 사람의 삶을 이해할 수 있으며, 책 속의 남과 같은 시행착오를 겪지 않아도 된다. 그리고 동서고금(東西古今)이라는 시간과 장소적 제한도 받지 않는다." 그래서 인문학을 찾는다. 이런 내공이 생기면 여하한 유혹과 충동에도 쉽게 미혹(迷惑)되지 않는다. 본 책도 이러한 것과 맥을 함께한다.

3장

음해 · 험담은
살인보다 무섭다

다우트(Doubt) vs 공자와 안회

2008년 미국에서 개봉한 영화 〈다우트〉(Doubt, 의심)는 퓰리처상을 받은 동명의 연극을 영화화한 것으로, 상영 내내 정적(靜的)인 흐름이나 스릴러라 불러도 무방할 정도로 긴장감이 넘치는 영화다. 이 영화는 미국 뉴욕 소재 성 니콜라스 교구학교에서 벌어지는 일로 '알로이시스' 교장 수녀가 새로 부임한 '플린' 신부를 평소 못마땅하게 여기다가 플린이 아동을 성추행한 것 같다는 제임스 수녀의 말에 사실관계를 집요하게 파헤치고, 이에 플린 신부가 강하게 반박하면서 전개되는 치열한 진실 공방 이야기다. 알로이시스 수녀는 뚜렷한 증거나 증인이 없었음에도 정황만으로 플린이 성추행을 한 것으로 확신한다. 왜 이렇게 물증도 없이 자기를 의심하냐고 묻는 플린에게 알로이시스 수녀는 말한다. "그게 중요한가요? 난 사람을 볼 줄 알아요. 나의 의심은 합리적 의심이며 증거는 필요치 않아요." 이에 플린이 "설사 확신이 든다고 해도 그건 감정이지, 사실이 아닙니다."라고 맞서는데, 양쪽의 팽팽하고 섬세한 신경전이 가히 압권이라 할 수 있다. 영화 내내 수많은 대사가 오갔지만 그중 기억에 남는 대사가 있다. 플린 신부가 미사 도중 알로이시스 수녀를 빗대어 한 강론의 일부인데, "의심은 확신만큼이나 강력하고 지속적이다."라는 말로 시작된다.

「한 여인이 잘 모르는 남자를 험담했어요. 그날 밤 그녀는 꿈을 꿨죠. 거대한 손이 나타나 그녀를 가리켰고 여인은 큰 죄책감에 휩싸였어요. 다음 날 여인은 고해하면서 물었죠. "남 얘길 하는 것이 죄악인가요?" 신부님은 답했죠. "그렇소. 이웃에 대해 잘못된 사실을 말하고 그의 이름을 더럽혔잖소." 여인은 황급히 잘못을 인정하고 용서를 구했는데, 신부님은 "그거론 안 됩니다. 집에 있는 베개를 지붕으로 가져가서 칼로 찌른 다음에 다시 오시오." 그래서 여인은 베개와 칼을 가지고 지붕으로 올라가 베개를 찌른 뒤 신부님한테 되돌아왔습니다. "베개를 찔렀소?" "네, 신부님" "어떻게 됐죠?" "사방으로 깃털이 날렸어요." "이제 집으로 돌아가서 바람에 날린 깃털을 다 모으시오." 당황한 여인이 말했죠. "그건 불가능해요. 어디로 날아갔는지 모르거든요." 그러자 신부님이 단호하게 말했습니다. "그것이 바로 험담이오."」

이 영화는 많은 여운을 남긴다. 영화의 결말은 끝까지 베일에 싸였고, 누구의 말이 진실인지는 오로지 관객의 판단에 맡겨졌다. 그러나 이것 하나는 확실하다. 확신은 서지만 물증이 없는 상태에서 객관적으로 상황을 판단하는 것이 그만큼 어려운 일이라는 것을…… 이 영화에서 알로이시스 수녀는 본인이 직접 보지도 않았음에도 전해 들은 이야기와 정황만 가지고 플린 신부가 성추행했다고 확신해서 많은 논란을 빚었다. 그럼 만일 본인이 직접 보게 된다면 쉽게 확신을 가질 수 있는 것일까? 이번엔 고대 중국 춘추전국시대로 떠나 보자.

　공자가 제자들과 함께 채나라로 가던 중 양식이 떨어져 며칠간 힘들게 지내다 어느 마을에서 잠시 쉬어 가기로 했다. 그사이 공자가 깜박 잠이 들었고, 제자인 안회가 어디서 쌀을 구해 와 밥을 지었다. 어딘가 나는 밥 내음에 공자가 잠에서 깨어 밖을 내다봤는데 마침 안회가 솥뚜껑을 열고 밥을 한 움큼 집어 먹고 있었다. 평소 안회는 공자가 먹기 전에는 음식에 손도 대지 않은 터였다. 지금까지 안회의 모습은 위선이었을까? 공자는 고민하다 한 가지 방법을 떠올렸다. 공자는 안회를 불러 "꿈에서 선친을 만났는데, 밥이 되면 조상님께 먼저 제사 지내라 하더라."라고 우회적으로 타일렀다. 공자는 제사 음식은 깨끗하고 아무도 손을 대지 않아야 한다는 것을 안회도 알기 때문에 그가 먼저 밥을 먹은 것을 뉘우치게 할 요량이었던 것이다. 그러자 안회는 "뚜껑을 여는 순간 천장에서 흙이 떨어져 이 밥으론 제사를 지낼 수 없었습니다. 그렇다고 더러운 밥을 스승님께 드릴 순 없고, 또 버리자니 아까워서 제가 그 부분을 먹었습니다."라고 답변했다. 이에 공자는 잠시나마 안회를 의심한 것을 부끄러워하며 "예전에 나는 나의 눈을 믿었다. 그러나 나의 눈도 믿을 게 못 되구나. 예전엔 나의 머리를 믿었다. 그러나 나의 머리 역시 믿을 게 못 되구나. 한 사람을 이해한다는 것은 그만큼 어렵다."라고 말했다고 한다. 보는 것과 진실은 다른 것이며, 사람을 쉽게 판단하지 말라는 얘기다. 그래도 안회는 그나마 낫다. 밥을 먼저 먹긴 했지만, 해명의 기회와 함께 공자가 진실을 인정했기 때문이다. 그러나 대다수 사람은 해명의 기회조차 없는 경우가 허다하다. 그렇다면 아까 영화 〈다우트〉의 경우는 어떨까? 공자는 자기 눈으로 봤으면서도 진실을 몰랐는데 과연 알로이시스 수녀는 들은 이야기만으로 진실을 알 수 있었을까? 설령 이번엔 진실이었다 하더라도 유사한 상황에서 틀린 경우가 훨씬 많을 것이다.

영화 〈다우트〉나 '공자와 안회'의 사례를 보고 있노라면 과연 우리가 진실이라고 생각하는 것들은 무엇이고 그것이 얼마나 오류가 많은 것인지 다시금 생각하게 된다. 혹여나 우리는 진실을 구하려는 것보다 우리가 믿고 싶은 것을 진실이라고 생각하고, 또 그런 시각으로만 사물을 바라보고 있는 것은 아닌지? 지난 시간을 한번 반추해 볼 필요도 있겠다.

음해와 험담의 메커니즘

세상을 살다 보면 우리는 때때로 그런 사실이 없거나 그런 취지가 아
님에도 의도가 왜곡되고 해명의 기회조차 얻지 못하며, 나아가 누군가
의도적으로 허위사실을 유포함으로써 고통을 받게 되는 경우를 경험하
기도 한다. 이것이 바로 '음해'다. 또한, 다수의 심리학자 견해에 의하면
인간은 진화 과정에서 남을 평가하거나 타인에 대해 말하길 좋아하고
지배하고자 하는 욕구가 있는데 이게 뜻대로 되지 않을 때 분노와 좌절
감이 표출된다고 한다. 이때 행하는 전형적인 모습이 그 대상을 헐뜯는
행위인데, 이것이 바로 '험담'이다.

"우리나라 사람들은 하나를 잘하면 모두를 칭찬하고, 한 가지를 잘못
하면 모두를 비난한다." 조선 14대 왕 '선조'가 한 말이다. 그렇다. 사람
의 마음은 간사해서 백번 잘해도 한 번의 실수를 기억하여 이를 못마땅
히 여기거나 오해하고, 또 실망한다. 이때 어김없이 등장하는 것이 바로

음해와 험담이다. 그런데 『논어』 '안연편'을 보면 "군자는 남의 아름다운 점은 키워 주고, 남의 단점은 이뤄지지 않게 한다. 소인은 이와 반대다." 라는 표현이 나온다. 공자님 말씀이다. 이에 '증자'는 "선생님은 남의 한 가지 선한 일을 보고서 그의 백 가지 그릇된 일을 잊어버렸다."라고 말했 다고 한다. 어찌 이리 다른가? 공자는 성현이라서 그런 것인가?

그렇다면 평범한 우리네 인간은 왜 이렇게 음해와 험담을 하게 되는 것일까? 공격적 본능의 일환이라고 말하는 '프로이트'나 자신의 영역이 침범당하는 것에 대한 방어행위라는 '로렌츠'의 이론을 굳이 소개하지 않더라도 음해나 험담은 좌절의 또 다른 표현임에 틀림이 없다. 이들은 에둘러 "내가 그 사람을 험담할 수밖에 없는 이유가 있었다."라는 등 자 신이 무슨 정의의 사도인 양 합리화하지만, 사실 그 속에는 상대방을 자 신의 수준으로 끌어내리려고 하는 비겁함과 잔인한 공격성이 내재되어 있는 것이다. 그리고 프로이트의 '정신역동이론'을 빌리자면 자아(ego) 는 무의식적 동기와 갈등(성 본능, 공격본능, 원시적 충동 등)으로부터 자신을 보호하기 위해 '방어기제'라는 제어장치를 사용하게 되는데, 험 담을 할 때 사용되는 대표적 방어기제가 바로 합리화라고 한다. 만약 이 러한 방어기제가 없다면 자아는 계속해서 초자아(superego)로부터 질 책을 받고 죄의식에 시달려야 하기 때문인데, 이렇듯 합리화는 험담꾼 들이 자신의 행위를 정당화하려는 방어심리에서 비롯된 것으로 '자기기 만' 행위와 진배없다.

영국, 호주 등 서구사회에서 주로 쓰이는 용어 중에 '키 큰 양귀비 증후군'이란 말이 있다. 정원사가 정원을 가꿀 때 키가 커서 돋보이는 양귀비나 키 큰 나무를 쳐내는 것처럼 또래보다 재능이나 성과가 뛰어난 사람들을 깎아내리거나 비난하는 것을 뜻한다. 이는 내가 못하는 것은 이해할 수 있지만, 네가 잘하는 것은 용납할 수 없다는 심보라 할 수 있다. 이런 사람들은 높은 성과를 거둔 사람이 그것을 이루기 위해 얼마나 많은 시간과 노력을 들였는지, 또 높은 지성을 유지하기 위해 평소 '지력단련(知力鍛鍊)[3] 등을 얼마나 많이 했는지 등의 여부에는 관심이 없다. 아니, 애써 외면한다. 그리고 단지 같은 동료라는 사실에 기초하여 자신과 유사하다는 이유만으로 똑같을 것이라 착각을 하고, 자신과 같은 수준이어야 한다는 결론을 내린다. 그 사람이 성장하기까지의 과정은 무시한 채 말이다. 이를 심리학 용어로 설명하면 '선택적 축약'이자 '인지적 왜곡'이라 할 수 있다. 심지어 이런 사람들은 자신과 비슷한 처지에 있는 사람이 잘못되면 더 큰 기쁨을 느끼기도 한다. 메커니즘은 이렇다. 욕심은 나지만 능력은 안 되고, 그러나 동료가 잘하는 걸 보니 배가 아프고…… 바로 이때 손쉽게 선택할 수 있는 수단이 바로 음해와 험담인 것이다. 상대방을 공격하고 깎아내려 자기 수준으로 맞춰야 속이 후련하다는 것인데, 참으로 인생 쉽게 산다. 그것이 부메랑이 되어 다시 자신에게 돌아온다는 것을 정녕 모르는가?

---

3) '지력단련 2020'운동은 육군 제2작전사에서 기존의 책 읽는 병영 문화가 단절되지 않고 자생할 수 있도록 환경을 조성해 주고, 2020년까지 책 읽는 병영 문화를 완전 정착하기 위해 하루에 '20분 20쪽 이상' 책을 읽자는 취지로 도입한 것으로 '책 권하는 1·2·3 릴레이'(3권의 책을 구매하여 1권은 개인 소장, 2권은 지인에게 감사 메시지 기록 후 전달, 책을 전달받은 두 사람은 2주 이내 책 3권을 각각 구매 후 같은 방법으로 전달하는 운동)와 함께 2019년 1월 1일부터 시행하고 있는 운동이다. 최근엔 코로나19 극복을 위한 '다독(多讀)거림 캠페인'도 벌이고 있다.

이와 관련해서 최근에는 잘 사용하지 않으나 과거 악한 말로써 남을 헐뜯고 거짓으로 고하는 간신의 형태를 '참소(讒訴)'라고 지칭했다. 이는 음해와 같은 맥락인데, 성경에서는 참소하는 자를 '사탄'이라 부르기도 하였다(요한계시록 12:10). 음해와 험담은 참소의 또 다른 표현이며 참소하는 자를 사탄이라 했으니 이런 관점에서 본다면 '음해와 험담을 하는 자는 곧 사탄'이라 할 수도 있겠다.

본시 폭력은 인간이 역사를 기록한 이후 항상 존재해 왔다. 일부 학자들은 인간에 있어 폭력성은 살아남기 위한 진화의 영향으로 믿고 있다. 이 부분은 동물과 큰 차이점이다. 대다수 동물은 같은 종과 경쟁하더라도 항복을 하거나 복종 의사를 보이면 더는 공격하지 않는다. 그러나 인간은 상대방이 무릎을 꿇어도 공격을 멈추지 않는다. 또한, 인간은 같은 종에 대해 습관적 파괴를 하는 유일한 종이기도 하다. 따라서 사람이 타인에게 음해와 험담을 하는 것은 이러한 공격성의 일종이며 이를 통해 자신이 상대방보다 비교우위에 있다는 심리적 포만감을 얻거나, 반대로 열등감을 감추기 위한 포석이란 분석이 제법 설득력이 있다.

그렇다면 음해와 험담을 하는 사람들은 행복할까? 일단 잠시나마 자존감을 높이고, 주고받는 사람과의 유대 강화 효과는 있을 것이다. 그러나 그 대가는 가혹하다. 음해하면 명예훼손 등으로 법적 조치를 받게 될 개연성도 커지지만, 사실 인생에 전혀 도움이 되지 않는다. 누군가를 향해 신나게 헐뜯고 정죄(定罪)할 때는 속이 시원한 것 같지만, 막상 토해 놓고 나면 삽시간에 공허감으로 가득 찬다. 험담 또한 마찬가지다. 험담은 본래 시기와 질투에서 비롯되기에 부지불식간 자신의 못남과 무능을 드러낸 것이 되고, 자신의 역량을 강화할 소중한 시간과 기회를 허비했기 때문이다. 시기나 질투의 마음이 가져오는 결과는 마음의 평화를 깨뜨리는 것뿐이며, 자신의 행복은 외면한 채 남의 행복만 쳐다보는 격이 된다. 삶의 지향점을 나에게 둬야지, 왜 남에게 두는가? 삶의 주체는 바로 나인데, 남의 성취감에 왈가왈부할 필요가 있을까? 관점을 나에게 두지 않고 남에게 두고 사는 삶, 그런 삶은 결국 다른 사람을 의식하는 삶이 되고 불행해진다. 처음에 시원했던 마음은 홀연히 사라지고 언젠가 그 말로 인해 단죄도 받게 된다. 주변을 보면 세상은 의외로 공평하다.

무심결이든 의도적이든 간에 이러한 음해나 험담으로 인한 폐해는 말할 수 없이 크다. 일부 연예인들의 모습에서도 볼 수 있듯이 실제 자살을 한 상당수가 이러한 행위에 상처를 받아 직간접적 원인으로 작용된 경우가 있었으며, 그것까지는 아니더라도 자존감 저하로 인한 무망(無望)이나 허무(虛無)주의, 나아가 대인기피와 조직에 대한 반발도 생길 수 있다. 비단 그뿐이랴? 피해자의 가족 등 그를 아끼는 많은 사람에게 크나큰 상처를 준다. 음해와 험담, 나빠도 너무 나쁘다.

아모르 파티(Amor Fati)

아모르 파티(Amor Fati). 스페인어다. 아모르(Amor)는 사랑, 파티(Fati)는 운명이란 뜻이며 영어로는 Love of fate다. 최근 모 가수가 동명의 노래를 유행시켜 party라고 잘못 알고 있는 사람도 많은데 fati가 바른 표현이다. 이를 우리말로 번역하자면 운명애(運命愛)가 되는데 '자기 운명에 대한 사랑'을 의미한다. 그런데 언제부터 아모르 파티가 대중들에게 알려지게 되었을까? 사실 이 말은 독일의 철학자 프리드리히 니체의 저서 『즐거운 학문』에서 나온 어구로 니체의 사상을 관통하는 주제로도 널리 알려져 있다. 니체는 말했다.

"네 운명을 사랑하라. 사실 그게 네 운명이잖아."

니체가 전하는 아모르 파티는 삶이 설령 만족스럽지 않거나 힘들더라도 결국 자신의 운명을 받아들여야만 하는데, 이때 운명을 받아들인다는 것은 자신에게 주어진 고난과 어려움 등에 굴복하거나 체념하는 것과 같은 수동적인 태도가 아니라 자신의 삶에서 일어나는 고난과 어려움도 기꺼이 받아들이겠다는 적극적 방식의 태도를 의미한다. 즉 '뭐, 내가 하는 게 다 이렇지. 이것도 안 된다면 그냥 이렇게 살면 되지.'라는 등 패배적인 감정이나 삶을 체념하는 식의 용인(容認)이 아니라, '까짓것 한번 와 봐라. 내가 눈 하나 깜빡이는가?'라며 이를 자신의 것으로 받아들여 사랑하고, 스스로 운명을 개척하는 능동적인 관점을 지칭하는 것이다.

그런데 사실 '아모르 파티'는 니체가 전했던 시기보다 훨씬 이전인 고대 그리스 시인인 호메로스의 저서 『오디세이아』에서도 등장하는 표현으로 제법 유서가 깊다. 『오디세이아』는 목마를 고안해 그리스군을 승리로 이끈 트로이전쟁의 영웅 '오디세우스'가 부하들을 이끌고 사랑하는 아내와 아들이 기다리는 고향 땅 '이타케'로 귀향하기까지 10년간의 모험담을 그린 대서사시다. 총 24권으로 전해지는 『오디세이아』는 방대한 분량임에도 불구하고 흥미로운 모험담이 수없이 전개되어 오늘날까지도 대중의 인기를 끌어온 스테디셀러이기도 하다.

잠깐 내용의 일부를 소개하자면, 오디세우스는 트로이전쟁 10년, 귀향길에서의 모험 10년 등 총 20여 년 동안 타지에서 갖은 고생을 다 했다. 포세이돈의 아들 '폴리페모스'의 외눈박이 눈을 찌르고 조롱함으로써 신의 분노를 사기도 하고, 인육을 먹는 거인 '라이스트리고네스'족의 공격을 받아 12척의 배 중 오디세우스의 배만 간신히 빠져나오기도 했으며, 티탄 신족의 태양신 '헬리오스'의 딸이자 무서운 마녀 '키르케'와 1년을 함께 지내기도 했다. 또한, 선원을 노래로 유혹해 죽음에 이르게 하는 '세이렌(seiren)'과 바다 괴물 '스킬라'를 만나기도 하고, 트리나키아섬에서 태양신의 소를 잡아먹어 신의 노여움을 사게 되어 부하들은 모두 죽고 오디세우스만 간신히 살아남기도 한다. 그렇게 우여곡절 끝에 도착한 섬이 바로 요정 '칼립소'가 사는 오기기에섬인데 여기서 '아모르 파티'가 탄생하게 된다.

칼립소는 오디세우스를 보자 첫눈에 반했다. 그래서 그를 놓아주지 않았고 이에 오디세우스는 낮에는 고향에 있는 처자식을 생각하며 눈물을 흘리고, 밤에는 동굴 안에서 칼립소와 원치 않는 잠자리를 해야만 했다. 그러기를 무려 7년. 오매불망 고향을 그리는 오디세우스를 눈여겨보던 지혜와 전쟁의 여신 '아테나'가 드디어 움직였다. 아테나는 신 중의 신인 제우스에게 그를 놓아줄 것을 끈질기게 호소했고, 마침내 제우스가 그를 풀어 주라고 칼립소에게 명하게 된 것이다. 칼립소는 오디세우스를 보내면서 이렇게 이야기한다.

"정녕 그대는 고향 땅에 돌아가기를 원하는가? 그렇다면 편히 가라. 그러나 그대가 고향 땅에 닿기 전에 수많은 고난을 겪어야 할 운명이라는 것을 안다면, 그냥 이곳에서 나와 함께 불사의 몸이 되는 것이 낫다고 느껴질 것이다."

이때 오디세우스가 대답한다.

"나는 날마다 귀향하는 날만을 기다려 왔소. 설령 신들이 귀향길 바다 위에서 나를 난파시키더라도 나는 참을 것이오. 이미 나는 너울과 전쟁터에서 수많은 고충을 겪었고 갖은 고생을 했소. 그러니 돌아가는 길에 또다시 고난이 오게 되더라도 그냥 감내하겠소. 고난이 추가될 테면 되라지요."

'아모르 파티'가 등장하는 순간으로 참으로 비장한 표현이 아닐 수 없다. 이미 수없이 많은 고난을 받아 왔는데 여기서 고난 하나 더 받아 본들 무슨 문제가 되겠는가? 정면 돌파하겠다는 뜻이다. 이에 칼립소는 더 이상의 미련 없이 오디세우스에게 멋진 옷과 식량, 포도주를 준비해 주며 순풍까지 불어 준다.

이후 2주 넘게 항해를 하던 오디세우스는 '포세이돈'을 만나게 된다. 포세이돈이 누군가? 바다의 신이자 오디세우스에 의해 죽은 폴리페모스의 아버지가 아닌가? '잘 걸렸다'라며 엄청난 폭풍을 일으키는 포세이돈 앞에 오디세우스는 그야말로 만경창파(萬頃蒼波)에 떠다니는 일엽편주(一葉片舟)에 지나지 않았다. 너무나도 비참하게 고초를 겪으면서 오디세우스는 잠시나마 섬을 떠난 것에 대해 후회하게 되는데, 그 순간 바다 요정 '라우코테아'가 나타난다. 라우코테아는 자신의 머릿수건을 주며 "뗏목에서 뛰어내려 헤엄을 쳐 파이아케스에 가라. 그것만이 네가 살 길이다."라고 조언해 준다. 이에 오디세우스는 칼립소가 준 옷을 죄다 벗어 버리고 머릿수건을 가슴에 두른 채 바닷속으로 뛰어든다. 그러자 포세이돈의 풍랑이 잠잠해진다.

필자는 '아모르 파티'를 무척이나 좋아한다. 아모르 파티는 그저 자신의 운명을 수동적으로 받아들이는 것이 아니다. 이것이 숙명이라면 기꺼이 숙명을 감내하겠지만 '이 숙명에 머무르지 않고, 이 숙명에 나를 묶어 두지 않고, 이 숙명에 좌절하지 않고 다시 새로운 도전을 시작함'을 의미하는 것이다. 그리고 그렇게 하기 위해서는 과거의 나와 내가 지금껏 놓지 못하고 있는 그 무언가를 버려야 한다.

만일 오디세우스가 숙명이라고 생각하고 섬을 떠나는 것을 포기했더라면 지금껏 칼립소와 살고 있었을 것이고, 칼립소가 준 옷과 난파된 뗏목을 버리지 않았더라면 그대로 포세이돈의 제물이 되었을 것이다. 그러나 오디세우스는 섬을 떠나게 되면 시련을 겪게 된다는 자신의 운명을 도전적으로 받아들이고, 어쩌면 마지막 생명줄이 될지 모르는 뗏목과 칼립소의 옷까지 과감히 포기함으로써 파이아케스를 거쳐 그리운 고향 땅으로 갈 수 있었다. '버려야 할 것을 버리지 못하면 스스로를 버리게 되는 것이다.' 참으로 무섭고도 소름 끼치는 일이 아닐 수 없다.

살다 보면 예기치 않은 일이 참으로 많이 생기게 된다. 그럼 그때마다 고통스러워하고 좌절할 것인가? 니체는 말했다. "자기 운명을 사랑하고 모든 고통을 끌어안고 그 고통조차도 사랑할 때 진정 인간의 창조성이 나온다."라고…… 여기서 말하는 창조성은 새로운 차원의 세계다. 운명을 긍정적으로 수용하고 집착과 아집을 벗어던지며 새로운 미래를 향한 강한 열정이 있다면 그 사람 앞에는 그 누구도 예상치 못한 세상이 펼쳐진다. 한쪽 문이 닫히면 또 다른 한쪽 문이 열리는 법이다. 만약 그 문이 열리지 않았다면 내가 직접 열면 된다. 이것이 창조적 삶이며, 이것이 곧 진정한 '아모르 파티'인 것이다. 따라서 "지금, 이 순간에 충실하고 현재를 즐겨라!"라는 '카르페 디엠'(carpe diem)과는 의미와 차원이 다르다. 요컨대 '카르페 디엠은 현실에 안주하는 것이고, 아모르 파티는 미래를 여는 것이다.'

약점 없는 인재 없고, 강점 없는 범재 없다

다른 사람을 음해·험담하는 사람들! 앞서 이야기했지만 참으로 못났고 악하다. 평생 음해·험담을 하면서 살아가고, 평생 다른 사람의 음해·험담을 받으면서 살아갈 수밖에 없는 딱 그 수준인 것이다. 과거 늦은 나이에 출가하여 구산 스님, 법정 스님 등을 길러 내신 효봉 스님이 있었다. 명성이 높아지자 많은 이들이 스님의 가르침을 받기 위해 모여들었는데, 이들의 하소연은 대부분 다른 사람을 비난하는 내용이었다. 묵묵히 얘기를 다 들은 스님이 그 사람들을 보며 버럭 소리를 지른다. "너나 잘해라!" 효봉 스님의 일화를 소개하니 문득 안도현 시인의 「너에게 묻는다」라는 시도 생각난다. "연탄재 함부로 발로 차지 마라 / 너는 누구에게 한 번이라도 뜨거운 사람이었느냐" 연탄은 그래도 자기 죽을 줄도 모르고 온몸을 불살라 따뜻함이라도 주었다. 그런데 그걸 발로 차는 사람은 과연 한 번이라도 다른 사람에게 도움을 준 적이 있었던가? 곰곰이 생각해 볼 필요가 있다. 그렇지 않다면 말을 함부로 해서는 안 된다. 당신이 이 세상을 만든 주인공이 아니기 때문이다. 대관절 무슨 자격으로 누가 누구를 발로 차는가?

그리고 음해·험담으로 마음고생을 하는 사람들에게 간곡히 전한다. 누군가 의도적으로 나를 괴롭힌다면 차라리 그를 향해 축복해 줘라. 같이 화를 내거나 욕을 하면 업보도 공유하게 되지만, 축복해 주면 그 축복은 자신의 몫으로 남게 되기 때문이다. 그리고 그 덕에 측은지심과 인내심이 키워지고 내가 성장하게 된다. 이런 의미에서 티베트의 정신적 지도자이며 통치자인 '달라이라마 14세'는 타인과의 갈등을 '적의 선물'이라고 표현하기도 했다. "상대가 화를 낸다고 나도 덩달아 화를 내는 사람은 두 번 패배한 사람이다. 상대에게 끌려드니 상대에게 진 것이고, 자기 분을 못 이기니 자기 자신에게도 진 것이다." 부처님 말씀이다. 그리고 상대에게 축복을 해 줬다면 이후엔 우뚝 일어서라! 마치 '아모르 파티'처럼 말이다. 그러면 그대 앞에 당신이 전혀 예상치 못한 새로운 세상이 열릴 것이다.

"약점 없는 인재 없고, 강점 없는 범재 없다." 누구나 나름대로 훌륭한 점이 있는데 약점만 지적받다 보면 장점이란 단어조차 희미하게 잊히면서 세상을 한탄하게 된다. 털어서 먼지 안 나는 사람은 없는 법이다. 따라서 사람이 성장하려면 약점을 보완하는 것보다 장점을 계발하고 지원해 줘야 가시적 성과는 물론이고 정서적 공감도 이루어진다. 인간 중심의 문화, 그 출발은 누구나 있는 약점과 허물을 부각하는 것이 아니라 그 사람의 강점을 발굴하고 배려하는 것이다. 그리고 그것이야말로 진정한 인권이다.

　인간관계에서 어쩌면 피할 수 없는 갈등들. 이를 음해와 험담으로 풀어 갈 것인가? 이해와 칭찬으로 상생할 것인가? 그것은 오롯이 우리들의 판단과 결정에 달려 있다. 그 어느 조직보다 끈끈한 전우애와 엄정한 군기강이 강조되는 우리 군. 2020년도는 음해와 험담의 굴레에서 벗어난 인권 청정지대를 한번 만들어 봄이 어떨까?

• • • • • • • • • • #3. 무소의 뿔처럼 혼자서 가라 • • • • • • • • •

무소의 뿔처럼 혼자서 가라. 가장 오래된 불교 경전인 『숫타니파타』에 나오는 구절이다. '숫타(Sutta)'는 '말', 그리고 '니파타(Nipata)'는 '모음'이라는 뜻으로 연결하면 '말의 모음집(Sutta-Nipata)'이 된다. 즉 부처님이 열반에 든 후 그의 제자들이 부처님의 말씀을 외우기 쉽게 운문시 형식으로 간추린 내용이다.

숫타니파타는 총 5장 72묶음 1,149편의 시로 구성되어 있는데, 구전으로 전해진 것을 정리해서인지 상황에 따라 즉흥적으로 읊어진 내용이 대부분이다. 이 중 "무소의 뿔처럼 혼자서 가라"는 경구는 오늘날 대중에게 많이 알려져 있는데, 숫타니파타 제3장 큰 장(Mahavagga)에 등장한다.

① "사람들은 자기의 이익을 위해 남을 사귀며 남을 돕는다. 또 이해관

계를 떠나서 친구를 얻기란 참 어렵다. 인간이란 원래 자기 이익만을 생각하며 그렇게 순수하지도 않다는 것을 알고 저 광야를 가고 있는 무소의 뿔처럼 혼자서 가라."

② "탐내지 말고 속이지 말며, 갈망하지 말고 남의 덕을 가리지 말며, 혼탁과 미혹을 버리고 세상의 온갖 애착에서 벗어나 저 광야를 가고 있는 무소의 뿔처럼 혼자서 가라."

③ "최고의 목적을 달성하기 위해 노력하라. 조금도 겁내지 말고 부지런히 나아가라. 체력과 지혜를 두루 갖추며 저 광야를 가고 있는 무소의 뿔처럼 혼자서 가라."

④ "큰 소리에 놀라지 않는 사자와 같이, 그물에 걸리지 않는 바람과 같이, 물에 젖지 않는 연꽃과 같이 저 광야를 가고 있는 무소의 뿔처럼 혼자서 가라."

여러 내용 중 인상 깊은 네 편의 시를 소개했는데 어떤 느낌이 드는가? 참고로 무소는 뿔이 하나뿐인 인도코뿔소를 의미한다. 부처님의 깊은 뜻을 범인(凡人)이 어찌 이해하겠냐마는 네 편의 시는 대인관계에 있어 집착을 떨쳐 내라는 의미라 생각된다. 사람이 살아가면서 무엇보다도 중요하지만 서로 간에 상처를 주고받는 주범이 되기도 하는 대인관계. 어떤 이는 스트레스의 주된 원인이라고 얘기하기도 한다. 직장에서의 문제, 고부간의 갈등, 이혼하는 부부 등의 사연을 보고 듣다 보면 제법 설득력이 있다. 하지만 우리는 그런 대인관계에 대해 냉정히 살펴볼 필요가 있다.

　흔히들 사람 '인(人)' 자를 '두 사람이 서로 의지하고 기대는 모습'을 형상화한 문자라고 이해하고 있는데, 사실 '허리를 굽히고 팔을 펴고 노동하는 사람의 모양'이다. 즉 두 사람이 아니라 한 사람인 것이다. 인간은 본시 홀로 서는 존재다. 성인이 된다는 것은 누군가의 돌봄으로부터 독립하여 홀로서기가 완성됨을 의미한다. 안타깝지만 서로가 항상 의지하고, 책임지는 이상적인 관계는 영원할 수 없다. 이는 마치 스승이 제자를 영원히 책임질 수 없고, 부모가 자식의 인생을 책임질 수 없는 것과 마찬가지다. 혈연관계도 이럴진대 하물며 이해관계로 만난 직장에서의 모습은 말할 나위가 없다. 태어날 때도 그랬고, 죽을 때도 우리는 항상 혼자다. 사랑했던 사람과 끝까지 함께 가는 것이 아니다. 그러니 지나친 애착과 집착은 버려야 된다.

　그러나 우리는 이 관계가 영원해야 하고, 내가 신뢰를 줬으면 나를 배신하면 안 되고, 내가 사랑을 주면 그 사람도 보답해야 한다고 착각하고 있다. 곰곰이 생각해 봐라. 과거 절대적으로 의리를 지키고 영원한 관계를 약속했던 동료나 친구들이 지금 주변에 얼마나 있는가? 그럼 그 사람들이 당신을 배반한 것인가? 아니다. 다만 현재 당신과 이어지는 끈이 없기 때문이다. 끈만 다시 이어진다면 언제든지 당신과의 긴밀한 관계 유지가 가능하다. 인간관계는 기본적으로 필요에 의해 서로 협업하는 것이며 일종의 계약 관계다. 따라서 그런 것에 너무 얽매일 필요도, 애끓을 필요도 없다.

필자는 혼자 살거나 독불장군이 되라고 이야기하는 것이 결코 아니다. 다만 홀로 설 수도 있어야 함을 얘기하는 것이다. 내가 가진 것들, 나를 속박하고 있는 틀, 심지어 음해와 험담의 상처마저도, 이런 집착들에서 벗어나야 비로소 사람과의 관계에서 자유로워진다. 그러기 위해선 버려라. 마치 무소의 뿔처럼 말이다.

그리고 자신의 운명을 능동적으로 수용하면서 과거를 던져 버리고 미래로 향한 뜻을 굳건히 세웠다면 더는 방황해서는 안 된다. 좌고우면(左顧右眄)할 시간이 어디 있는가? 당신이 원하는 삶의 정점에 도달하기 위해 주변의 시선이나 애착, 번뇌에 더는 휩쓸리지 말고 자신만의 가치대로 밀고 나가라. 마치 큰 소리에 놀라지 않는 사자나 흙탕물에 젖지 않는 연꽃처럼 말이다. 무소의 뿔처럼 혼자서 가라!

4장

말을 잘할 것인가?
잘 말할 것인가?

넌 나에게 모욕감을 줬어!

"넌 나에게 모욕감을 줬어!"

영화 〈달콤한 인생〉에서 배우 김영철이 이병헌에게 말했던 대사다. 7년 동안 개처럼 부린 이병헌을 죽이려고 했던 이유치고는 너무나 궁색해 보이지만 사실 그게 전부다. 실제로 우리 주변에서 모욕감이 작동되어 살인을 하거나, 무력하다고 여겨지는 자신에게 살해 충동이 투사되어 자살을 선택하는 예도 종종 발생하고 있으니 극 중 대사가 비현실적으로 보이진 않는다. 그럼 사람이 모욕감을 느끼면 어떻게 될까? 일단 자존감이 떨어져 능동적인 사고와 행동을 기대할 수가 없고 무력감으로 점철된 삶을 살아가게 된다. 그렇지 않으면 모욕감을 준 상대에 대한 복수의 칼을 갈게 된다. 복수심이 곧 그 사람의 성격이 되는 것이다. 최근 급증하는 고소·고발 사건의 상당수가 바로 모욕과 관련된 내용이라는 점이 이 같은 사실을 잘 뒷받침하고 있다.

그렇다면 모욕은 어떻게 주는 것일까? 특정 상황이나 행동으로 모욕을 줄 수도 있겠지만 주된 형태는 언어로부터 비롯된다. 말은 사람을 살릴 수도 죽일 수도 있는 양날의 칼로, 사람의 인격이자 품격이다. 글쓰기는 마음에 안 들면 수정하면 되지만 한번 뱉은 말은 주워 담을 수도 없다. 모욕이나 명예훼손 사건을 수사하다 보면 피의자들은 대개 이런 식으로 자신을 합리화시킨다. '그런 행동이 죄가 될 줄 몰랐다' 또는 '장난이었다', 아니면 '친근감의 표시였다'라는 식이다. 그런데 이도 저도 안되면 마지막에 꼭 하는 말이 있다. "기억이 나지 않는다!" 비겁한 변명이자 죄를 모면하기 위한 꼼수라 여겨지는가? 그럴 수도 있겠지만 반드시 그렇지만은 않다.

영화 〈올드보이〉에서 최민식이 15년 동안 자신을 감금한 유지태에게 그 이유를 묻는다. 사실 감금되기 전인 과거 고교 시절, 최민식이 무심코 뱉은 말 한마디로 인해 유지태가 사랑하는 사람이 자살하는 사건이 발생했다. 물론 최민식은 그런 말을 했다는 사실이 기억나지 않는다. 이때 유지태가 말한다. "당신이 그날 일을 기억하지 못하는 진짜 이유가 뭔지 알아? 그건 말이야. 그냥 잊어버린 거야. 왜? 남의 일이니까." 가해자는 잊는다. 어차피 나의 인생이 아니니까. 단순하지만 명료하다. 그러나 피해자는 가슴속에 한을 담고 산다. 이것이 언어폭력이다. 말 한마디 잘못해서 〈올드보이〉에서처럼 15년 동안 독방에서 군만두만 먹을 수 있는 것이다. 말, 정말 무섭다. 잘 말해야 한다.

2016년 온라인 취업포털 '사람인'에서 직장인 1,105명을 대상으로 직장 내 언어폭력 실태를 조사한 결과에 따르면 전체 직장인의 62.2%가 언어폭력 피해 경험이 있었다고 한다. 유형으로는 호통이나 반말이 가장 많았으며, 인격모독성 발언, 능력 비하, 욕설이나 비속어, 험담 등도 있었다. 그럼 군은 어떨까? 2014년 한국국방연구원 조사 결과에 의하면 능력 폄하, 계급 비하가 가장 많았고, 태도에 대한 폄하, 개인의 인격침해성 표현, 협박 등이 뒤를 이었다. 사회나 군이나 그 유형은 비슷해 보인다. 그런데 욕설은 누구나 생각할 수 있는 유형이니 그렇다 치더라도 상위권에 포진된 '능력 폄하'가 유독 눈에 띈다. 능력 폄하는 말 그대로 무시하는 것이다.

과거 취업포털 '잡코리아'에서 실시한 여성 직장인이 뽑은 인기 없는 남자 직원 유형 설문에 77.1%라는 압도적 1위를 했던 답변이 생각난다. 바로 '잘난 척하고 은근히 남을 무시하는 스타일'이다. 이는 전문가 의견과도 일치한다. 강북삼성병원 정신건강의학과 신영철 교수는 "한국 사람들이 분노가 폭발하는 가장 흔한 경우는 자신이 무시당했다고 느낄 때이며, 이 경우 말싸움을 하게 되면 충동성 분노폭발을 유발할 수 있으니 주의해야 한다."라고 했다.

그렇다면 이런 문제가 있음에도 군이 다른 사람들을 무시하는 이유가 뭘까? 사실 대놓고 무시를 하는 경우보다 은연중에 무시하는 경우가 많은데 통상의 경우 '나보다 못하다고 생각하거나 업무 능력이 떨어진다는 이유 또는 말이 잘 안 통하거나 행동이 이해되지 않는 상황'에서 무시를 많이 한다. 하지만 이런 행동은 본인의 의도와는 상관없이 자만이나 교만의 심리에서 비롯됨을 깊이 인식해야 한다. 즉 직접적으로 자랑하진 않지만 남을 깔봄으로써 자기를 내세우려는 심리가 한몫한다는 것이다. 모자라게 보이는 사람도 장점은 있다. 그 장점과 배울 점을 찾아 나를 성장시키는 사람과 타인의 단점만을 찾아다니며 저급한 방법으로 모두를 황폐화시키는 사람, 이 두 사람 중 어떤 이가 현명한지는 굳이 글로 표현하지 않아도 될 듯하다. 어쨌든 우리나라 사람들은 다른 건 참아도 자기를 무시하는 것은 못 참는 모양이다. "넌 나에게 모욕감을 줬어."라고 외친 김영철의 대사가 이렇듯 우리네 감정과 맥을 같이하니 놀랍기만 하다.

말과 폭행사고의 메커니즘

그럼 모욕만 하지 않으면 잘 말하는 것일까? 모욕은 인격모독성 발언 중의 하나인데, 이외에 욕설도 사실 인격모독의 주된 유형이라 할 수 있다. 잠시 병영 내로 화제를 돌려 보자. 필자가 과거 폭행사고를 분석해 보았는데 대다수의 경우가 폭행에 앞서 욕을 하는 공통점을 발견하였다. 의학적으로도 사람이 욕을 하게 되면 일반 단어보다 4배 이상 강하게 기억되며, 분노, 공포를 느끼게 하는 '감정의 뇌(변연계)'를 자극하여, '이성적 판단을 하는 뇌(대뇌 전두엽)'의 기능을 막는다고 한다. 즉 욕을 하는 순간에는 이성적인 판단을 하는 호르몬 기능이 저하되고 감정 호르몬이 강하게 분비되어 때린 다음 후회한다는 것이다. 그럼 이를 역으로 생각해서 병영 내에서 폭행사고를 막으려면 욕을 하지 않으면 된다. 즉 평소부터 아무리 화가 나는 일이 생겨도 욕은 하지 않는 연습을 하고, 그것을 문화로 정착시킨다면 폭행사고를 현저히 줄일 수 있는 것이다.

과거 전방에서 근무하던 시절, 어느 날 대대장 한 명이 급하게 필자를 찾아왔다. 사연은 이렇다. "대대장으로 부임한 뒤 대대에 폭행사고가 끊이지 않는다. 정신교육도 해 보고 징계나 사법처리도 많이 했는데 계속해서 발생하고 있다. 심할 때는 한 달에 서너 건씩 발생하기도 하는데 도무지 원인을 찾기 어려우니 헌병대장님이 한번 대대를 방문하여 부대진단을 해 주고, 괜찮다면 장병들을 대상으로 안전학습(사고예방교육)을 해 주면 좋겠다."라는 내용이었다. 당시는 필자도 병영 내 폭행사고에 대해 관심이 많았던 시기라 흔쾌히 약속했고, 쇠뿔도 단김에 빼랬다고 다음 날 바로 대대를 찾아갔다.

먼저 소속 장병들을 대상으로 안전학습부터 시작했다. 그런데 결과적으로 그날은 필자가 수많은 교육을 해 오던 날 중에서 가장 짧게 교육한 날이 되었다. 보통 1시간 30분가량 진행되는데 5분 만에 끝냈기 때문이다. 급하게 교육을 마치니 대대장이 황급히 쫓아왔다. "왜 그러십니까? 병력들에게 무슨 문제가 있습니까?" 필자가 대대장에게 나지막하지만 단호한 어조로 말했다.

"대대에 폭행사고가 많은 것은 '말' 때문이다. 내가 강의에 앞서 부대진단을 하기 위해 병사들이 야외에서 흡연하는 장소에 가 보고, 교육 집합하는 과정도 10여 분간 관찰하면서 대대의 문제점을 직관적으로 인식할 수 있었다. 병 상호 간에 대화하면서 고운 말을 사용하는 경우는 극히 드물었고, 대다수 거친 표현과 욕을 사용했다. 무슨 분노와 불만이 이다지도 많은지 고성이 남발하고, 말끝마다 '씨발, ○○새끼'라고 하는데 듣고 있는 내가 속이 거북했다. 그러니 당사자들은 얼마나 스트레스를 많이 받을까? 그런데 더 큰 문제는 이런 행위에 병사들이 별다른 반응을 보이지 않는다는 점이다. 그것은 표정이나 이후의 행동을 보면 알 수 있는데, 이는 언어폭력이 이미 부대의 문화로 자리 잡혔음을 의미한다.

이런 상황에서는 구성원들이 매사 부정적이고 피동적이며 공격적인 성향을 지닐 수밖에 없다. 만일 '공자'나 '맹자'가 환생하여 군에 입대하더라도 결과는 마찬가지일 것이다. 또 강의를 시작하려고 인사말을 나눌 때부터 이미 병사의 1/3이 고개를 숙이고 졸고 있던데 그건 그냥 만사가 귀찮은 것이다. 그 시점에서 그들이 바라는 건 단지 잠자는 것뿐으로, 설사 교육을 강제할 수 있을지라도 효과는 없을 것이다. 그리고 내가 이미 폭행사고의 원인을 알았기 때문에 더 이상의 교육은 의미가 없었다. 그래서 빨리 끝냈다."

이후 필자는 대대장에게 폭행사고와 관련되어 그동안 징계나 사법처리를 얼마나 했느냐는 질문을 했다. 놀랍게도 부임한 지 몇 개월 되지 않았음에도 이미 수십 건의 처벌을 했다고 한다. 필자가 진단한 결과는 이렇다. 그 대대는 정신교육을 하긴 했으나 "폭행을 하면 지시사항을 어기는 것이며 죄가 된다. 만일 또다시 폭행한다면 상응한 대가(징계나 사법처리 등)를 치르게 될 것이다."라는 식으로 겁을 주는 방법만 사용했고, '왜 폭행하면 안 되는지'에 대해 자성해 보고 공감하는 시간을 갖지 못했다. 즉 인간의 본성에 대한 진지한 성찰이 부족했던 것이다. 그런 교육은 큰 효과를 거둘 수 없다. 또한, 교육이나 소통을 통한 공감대가 형성되지 않은 상태에서 처벌만 남발함으로써 기강을 바로 세우기는커녕 도리어 자신을 이렇게 만든 부대를 원망하고, 지휘관을 포함하여 부대원에 대한 불신이 생겨 처벌(영창[4] 처분 등) 이후 부대 단결의 저해 요인만 되고 말았다. 정작 본인의 잘못은 잊은 채 말이다.

다소 무안해하는 대대장에게 필자는 이런 해법을 내놓았다. "말이 거치니까 본인의 의사와는 무관하게 마음이 거칠어지고 그것이 행동으로 이어진다. 그러니 말을 곱게 해라. 상대에게 상처를 주는 욕설도, 저주도, 험담도, 거친 말도 최대한 줄여 봐라. 꼭 그런 말을 사용하지 않더라도 충분히 임무 수행을 잘할 수 있고 군 기강도 바로 세울 수 있다. 거친 말을 해야 부대가 잘 운영된다는 생각은 그야말로 과거로부터의 잘못된 인습이며 그런 '사고의 관성'에서 벗어나야 성공할 수 있다. 만일 그렇게만 한다면 너희 부대는 폭행사고가 없어진다. 아니 폭행뿐 아니라 군무 이탈(탈영)이나 자살 등의 사고도 상당 부분 예방이 될 것이다. 요컨대 이 대대의 가장 큰 문제는 잘못한 언어습관이 병영 문화로 자리 잡은 것으로 이것이 모든 문제의 근원이라 생각되니 이를 해소하는 데 관심을 가지면 좋겠다."

이후 그 대대는 대대장이 임기를 종료하고 이임할 때까지 폭행은 물론 여타의 사고도 더는 발생하지 않았다. 대대장이 이 문제에 사활을 걸었기 때문으로 말의 힘을 새삼 느끼게 되는 또 하나의 사례가 되었다. 혹자

---

4) '영창'은 과거 舊 군인사법 제57조 2항에 의거 병을 대상으로 15일 이내로 부대나 함정 내의 영창, 그 밖의 구금장소에 감금했던 징계처분을 말하며, 징계권자는 소속 중대장이고 군사경찰대(舊 헌병대)에서 집행했다. 영창(營倉)이란 단어는 현대적 구금 시설이 없던 시절, 죄를 지은 장병들을 창고에 가둬 넣는 관행에서 유래한 것으로 신체 구금 관련 영장주의 위반 및 인권침해 소지가 있어 군인사법을 개정, 경과 기간을 거쳐 2020. 8. 5부 폐지되었다. (군기교육, 감봉, 견책 신설)

는 이야기한다. 문제가 많으니까 불평을 하고 욕설을 하는 것이 아니냐고? 아니다. 욕설하지 않으면 불평이 사라진다. 이 놀라운 현상을 필자는 한두 번 경험한 것이 아니다. 즉 언어순화는 병영 내 사고예방에도 상당 부분 효과가 있다는 것이다.

잘 말하면 인생이 바뀐다

잘 말해야 하는 이유는 비단 이것뿐만이 아니다. 인생이 바뀌게 된다. 도로시 로 놀트의 「천국으로 가는 시」가 어느 정도 이를 대변해 주는 듯하다. "만약 어린이가 나무람 속에서 자라면 비난을 배운다. 만약 어린이가 적개심 속에서 자라면 싸우는 것을 배운다. 만약 어린이가 두려움 속에서 자라면 걱정하는 것을 배운다. 만약 어린이가 수치심 속에서 자라면 죄의식을 배운다." 무슨 느낌이 드는가?

필자는 이 시를 읽다 보니 문득 환경결정론적 입장을 펼친 행동주의 심리학자 '왓슨'의 말이 생각난다. "나에게 12명의 건강한 유아와 그들을 키울 잘 형성된 나 자신만의 특수한 세계를 제공해 달라. 나는 그들의 재능이나 기호, 성향, 능력, 소질 그리고 인종과 관계없이 의사나 법률가, 예술가, 상인, 장관뿐 아니라, 거지, 도둑에 이르기까지 만들 수 있다." 이는 기본적으로 개인행동 반응은 타고난 성격이나 특질 때문이 아니라 이전의 경험과 학습에 근거하는 것이며 성격이란 단지 개인행동 패턴의 집합일 뿐이라는 극단적 행동주의 입장으로, 당시 학계에 많은 반향을 불러일으킨 주장이다. 반론의 여지가 있고 현대에 이르러 인지심리학이 두각을 보이면서 다소 주춤해지고는 있지만, 어쨌든 인간에게 있어 후천적 환경이 매우 중요하다는 점을 시사한다고 하겠다.

그런데 이러한 환경은 시간적·공간적·인간적 환경이 있을 수 있다. 모두 의미가 있지만, 그중에서 인간적 환경이 제일 중요하다. 과거 맹자의 어머니가 세 번 이사한 것도 더 좋은 교육환경을 찾고자 함이었다. 강남 8학군 이야기도 이런 맥락이 아니겠는가? 주변의 좋은 환경과 역동적인 상호관계는 인간의 성장에 결정적 역할을 하는 것이다. 그렇다면 인간적 환경 중에서 가장 영향을 많이 주는 것은 무엇일까? 단언컨대 그것은 우리가 매일같이 주고받는 '말'이 아닐까 생각된다.

이시형·이희수의 저서 『인생내공』을 보면 인간은 자기 말에 세뇌되는 동물이라는 표현이 나온다. 긍정적, 전향적, 희망에 찬 말을 하면 뇌도 그런 방향으로 움직이고, 자꾸 반복하면 무의식 깊이 그 말이 각인되며, 뇌의 자동유도장치에 따라 그 방향으로 가게 된다는 것이다. 우리가 온종일 한 말이 자기도 모르게 나에게 투사되어 그대로 영향을 미친다는 것인데, '언령(言靈)' 이른바 말에는 영적인 힘이 존재한다는 의미와 상통한다. 예일대 '존 바그' 교수도 이 같은 견해를 밝혔다. "언어의 힘은 매우 강력하다. 가령 우리가 움직인다는 단어를 읽으면 본인도 모르게 움직일 준비를 하는데, 이는 특정 단어가 특정 부위를 자극하기 때문이다."

말 한마디에 우리의 생각과 행동이 지배당하는 것이다.

다소 종교적인 내용이지만 구약 창세기를 보면 "사람은 하느님의 모습대로 창조되었다. 하느님께서 흙의 먼지로 사람을 빚으시고 그 코에 생명의 숨을 불어넣으시니 사람이 생명체가 되었다."라는 문구가 나온다. 또한, 신약에서는 하느님 그 자신인 예수님이 인간의 죄를 대신해서 죽는 장면도 나온다. 하느님의 모습대로 인간을 만들고, 그런 인간을 대신하여 신이 죽다니? 이것은 그만큼 인간이 소중하고 하느님이 사랑하는 존재임을 반증하는 것이다. 또한, 그리스 신화에서도 프로메테우스가 진흙을 이용하여 신의 형상을 한 인간을 만들었다는 구절이 나온다. 이 부분은 상당한 의미가 있다. 어쨌든 자신의 허락 없이 신의 형상으로 인간을 만든 이 사건으로 인해 훗날 프로메테우스는 제우스로부터 공격을 받기도 한다. 동학은 또 어떠한가? 3대 교주 손병희가 인내천(人乃天), '사람이 곧 하늘이다'라 주장하지 않았던가? 천주는 따로 존재하는 것이 아니라 사람 안에 있다는 의미로 이렇듯 동서양을 막론하고 하느님의 형상과 숨결이 늘 우리 안에 있음을 신앙으로 때론 사상으로 나타내고 있는 것이다.

그런데 그런 하느님이 세상을 지으실 때 무엇으로 만드셨는가? 바로 '말'이다. 성경 '창세기'에서 이 사실을 분명히 하고 있는데 그렇다면 말은 만물을 창조할 수 있는 주된 수단인 것이다. 그리고 앞서 인간은 하느님의 형상과 숨결로 만들었다고 했으니 조금만 생각해 보면 '우리가 무심결에 내뱉는 말에는 모든 것을 이뤄지게 하는 무섭고도 엄청난 위력'이

숨어 있는 것이다. 그래서 어떤 종교이든 기도는 말로 하며, 심지어 무당이 굿을 할 때도 말로 한다. 그런데 이러한 말은 종교시설에서만 하는 것이 아니다. 일상생활에서도 우리는 하루에 수만 번씩 말을 한다. 그런데 쉽게 생각하고 부지불식간 행하는 그 말이 곧 '기도이고, 하느님의 영혼'이라는 점을 절대 간과해서는 안 된다. 만일 어떤 사람이 '기도는 곧 말이고, 나의 입에서 나오는 말이 곧 기도가 된다'라는 평범하고도 심오한 이치를 알고 있고, 또 확신이 있다면 나쁜 말을 할 수 있을까? 이런 원리로 우리가 말을 할 때면 자신도 모르는 사이 언령(言靈)이 작동하여 '좋은 말을 반복하면 좋은 일, 나쁜 말을 반복하면 나쁜 일'이 부메랑처럼 돌아오는 것이다. 이것이 긍정언어를 사용해야만 되는 근원적인 이유다. 바로 '말이 씨가 되는 것이다.'

미국의 사회학자 '로버트 머튼'은 사람들의 신념이 현실로 이루어지는 것을 '자성예언(自成豫言)'이라고 명명했다. 자기충족적 예언이라고도 하는데, 쉽게 말해 미래 자신의 모습을 현재형 언어로 선언하고 강력하게 믿으면 반드시 이루어진다는 의미다. 뇌는 현실과 상상을 구분하는 능력이 없다고 한다. 그냥 내가 생각한 대로 뇌가 판단해 버리는 것이다. 미국의 '빌 게이츠'는 매일 아침 자신에게 '왠지 오늘은 나에게 좋은 일이 많이 생길 것 같다', '나는 무엇이든 할 수 있다'라는 두 가지 말을 반복했다고 한다. 긍정의 주문이 확신이 되고, 긍정의 말이 현실이 되는 이 기막힌 사실에 절로 감탄이 나온다.

필자는 개인적으로 MBN 〈나는 자연인이다〉라는 프로를 즐겨 본다.

자연인이 산에 오는 이유는 대개 사업이나 대인관계에서 문제가 생겼거나, 병에 걸려 오는 경우가 많다. 특히 병원에서 불치의 병이라 판정받았던 사람이 완치되는 경우가 제법 있는데, 자연인들은 그 이유를 좋은 공기와 물, 규칙적인 운동 그리고 약초에서 찾는다. 물론 그것도 틀린 말은 아니나 필자는 아무도 없는 산에서 더는 부정적인 이야기를 듣지 않고, 공기와 물이 좋다는 이유 등으로 '나는 살 수 있다'라는 강한 자기암시가 작동해서 그런 것이 아닐까 생각해 본다.

반대의 경우도 있다. 과거 필자가 서울 모처에서 근무할 때 한 부하 간부가 눈에 황달이 들고 수척해 보여 병원에 가 볼 것을 권유한 적이 있었다. 몇 번의 망설임 끝에 그 부하가 병원을 찾았는데 간암 말기라는 청천벽력 같은 진단을 받았다. 몇 주 뒤 필자가 그 부하를 찾아갔을 땐 이미 이전의 모습이 아니었다. 80kg이 넘고 매우 건장했던 사람이 뼈만 앙상하게 남아 있는 것이 아닌가? 간암이라는 소리를 차라리 듣지 않았더라면? '얼마 못 살 것'이라는 부정적 암시가 결국 그를 그렇게 만든 것이다.

또한, 말은 본인뿐 아니라 주변에도 영향을 준다. 말은 곧 에너지이자 파동이기 때문이다. 따라서 주변으로부터 불평과 원망의 파동이 전달되어서는 안 된다. 성공한 사람들을 살펴보면 대다수 어린 시절부터 다소의 잘못을 하더라도 부모나 친지, 교사 등 주변으로부터 격려와 지지를 받고 성장했음을 알 수 있다. 헬렌 켈러, 힐러리 클린턴, 율곡 이이 등 그 예는 수도 없이 많다. 그러나 반대의 경우 예컨대 자녀가 잘못했다는 이유로, 아니면 별다른 의미 없이 "빌어먹을 놈, 커서 뭐가 될 거야?"라는 말을 자주 한다면 그 아이는 커서 빌어먹게 될 공산이 크다. 그런데 정말 중요한 것은 막상 당사자는 빌어먹는 이유가 '어린 시절부터 들어왔던 대로, 즉 말한 대로 되어 가는 것'임을 알지 못한다는 것이다.

성공한 사람은 긍정언어를 쓰고, 실패한 사람은 부정언어를 쓴다. 무심코 던진 말 한마디가 사람을 살릴 수도 죽일 수도 있는 것이다. 서울백병원 우종민 교수는 "타인에게 한번 나쁜 말을 하면 열다섯 번 정도 기분 좋게 해야 비로소 만회할 수 있다."라고도 했다. 말! 무섭다. 함부로 할게 아니다.

우리 인간은 누구에게나 언어폭력으로부터 보호받을 권리가 있다. 언어폭력은 상하 동료 간에 있어 신뢰관계를 파괴하고, 마음의 문을 닫게 한다. 폭행사고의 단초가 되며, 군무이탈, 자살의 원인이 되기도 한다. 행복추구권이라는 헌법상 권리와 함께 '군인의 지위 및 복무에 관한 기본법' 등에서도 언어폭력 행위는 어떠한 경우에도 할 수 없도록 금지하고 있고, 공연히 타인을 모욕하면 형법상 모욕죄에 해당될 수 있다. 그리고 무엇보다 이는 인간의 존엄과 가치를 훼손하는 인격권 침해행위가 된다.

『손자병법』화공편(火攻篇)을 보면 '노가이부희 온가이부열 망국불가이부존 사자 불가이부생(怒可以復喜 慍可以復悅 亡國不可以復存 死者不可以復生)'이란 문장이 나온다. '노여움은 다시 기쁨으로 바뀔 수 있고, 성냄은 다시 즐거움으로 바뀔 수 있지만, 나라는 망하면 그걸로 끝이고 죽은 사람은 되살릴 수 없다'라는 뜻이다. 화가 나면 이내 풀릴 수 있지만, 상대방의 마음에 상처를 주면 나라가 망하고 죽은 사람과 같이 쉽게 회복되지 않음을 절대 잊어서는 안 된다.

말을 잘하는 것과 잘 말하는 것은 다르다. 말을 잘하는 사람은 구변만 좋은 사람이나, 잘 말하는 사람은 타인을 배려하고 설득을 잘하며 무엇보다 인생이 술술 풀리는 사람이다. 선택은 오롯이 자신에게 달려 있다.

· · · · · · · · · · · · #4. 감사나눔 운동 · · · · · · · · · · · ·

"세상 사람 중 1%는 어떤 일이 있어도 남의 물건을 훔치지 않는다. 또 1%는 어떻게든 자물쇠를 열어 남의 것을 훔치려 한다. 나머지 98%는 조건이 제대로 갖춰져 있는 동안에만 정직한 사람으로 남는다. 이 사람들은 강한 유혹을 느끼면 언제든지 정직하지 않는 사람 쪽으로 옮겨간다. 도둑은 자물쇠가 있어도 마음만 먹으면 얼마든지 당신 집에 침입할 수 있다. 자물쇠는 문이 잠겨 있지 않았을 때 유혹을 느낄 수 있는 대체로 정직한 사람들의 침입을 막아 줄 뿐이다." 미국의 심리학자 '댄 애리얼리 (Dan Ariely)'의 말이다. 각종 실험을 토대로 계량화하여 정립한 내용인데 우리에게 시사하는 바가 크다.

그런데 '댄 애리얼리'의 말 대로라면 자물쇠는 과연 효과가 있을까, 없을까? 다소 모호할 수 있는데 그것은 자물쇠를 만든 목적에 달려 있다. 자기 집을 노리고 침입하는 도둑을 막는 게 목적이라면 사실 자물쇠 하나로는 큰 효과가 없다. 그러나 절대다수를 차지하는 98%의 평범한 사람의 범의(犯意)를 차단하는 것이 목적이라면 자물쇠는 엄청난 위력을 발휘하게 된다. 필자가 말하고자 하는 '감사나눔 운동'이 딱 그렇다. 댄 애리얼리의 이론을 빌리자면 굳이 이 운동을 전개하지 않아도 1%의 사람은 고결한 삶을 살아가고, 강력하게 시행한다고 하더라도 일탈하는 1%의 사람은 생길 것이다. 그러므로 우리는 1%의 일탈자보다 나머지 98%에 주목해야 한다. 이들은 절대다수이자 '조건부 선인(善人)'으로서 어떻게 교화하느냐에 따라 개인과 조직의 운명이 갈릴 수 있기 때문이다.

우리나라에서 감사나눔 운동을 처음 도입한 사람은 前 농심 대표이사 회장이자 현재 서울대 융합과학기술대학원 초빙교수인 손욱 박사다. 감사나눔 운동은 '일주일에 한 가지 착한 일을 하고, 한 달에 두 권 책을 읽고, 하루 다섯 가지씩 감사드리며 살자'라는 의미로서 '행복나눔 125운동'이라고도 한다. 손 前 회장은 지난 2010년 미국 방송인 '오프라 윈프리'가 불우했던 시절, 하루 다섯 가지씩 감사노트를 썼다는 기사를 본 뒤 우리도 한번 해 보자며 '감사나눔 신문'을 만들고 이를 적극적으로 추진했다. 이후 포스코 등 기업체와 지자체, 교육기관에서 동참했는데 경영적인 성과는 물론이고, 직장 내 분위기도 밝아지고 가정불화 문제도 상당 부분 해결되는 등 놀라운 결과가 이어졌다. 이러한 성과를 바탕으로 군에서도 장병 인성교육 및 화합·단결 차원에서 감사나눔 운동의 필요성을 인식하여 전 군에 도입·시행하고 있다.

육군 내에서 감사나눔 실천 형태는 사뭇 다채롭다. 점호 시간 일일 5

감사 발표, 1,000 감사노트 작성, 특정인(부모 등)에 대한 100 감사편지 쓰기, '칭찬합시다' 릴레이, 감사나눔 홈페이지 개설, 감사나눔 워크숍 및 교육 정례화, 감사나눔 페스티벌 개최 등이 그것인데 실제 이로 인해 수동적이었던 부대의 분위기가 좋아졌고, 자살 시도자와 부적응자 상당수가 정상적으로 변화하고 전투력도 높아지는 성과를 거두기도 하였다.

이 중 필자가 특히 관심을 두는 것이 있다. 바로 '1,000 감사노트'다. 하루에 5~10가지씩 그날의 감사했던 내용을 기록하고 완성되면 포상을 하는 제도인데 감사의 대상은 내가 가진 것, 일어난 사건, 자질이나 재능, 타인, 선행, 자연에 대한 것들이다. 그런데 재미있는 것은 한번 작성한 것은 중복할 수 없다는 조항인데 실제 이것이 놀라운 효과로 작용되고 있다. 필자가 느끼는 '1,000 감사노트' 작성의 과정과 효과는 이렇다.

장병들에게 감사노트를 쓰게 하면 ① 처음 몇 주간은 별 무리 없이 작성한다. ② 이후에는 마땅히 쓸 게 없어 고민하기 시작하는데 이때부터는 과거에 전혀 생각지 않은 일들이 감사의 대상이 된다. 가령 취사병이 밥하는 것은 임무라서 그간 당연하게만 여겼는데 그때부터는 '오늘 저녁 나를 위해 따뜻한 밥을 해 준 이름 모를 취사병이 감사하다'는 식으로 감사의 관점이 특별한 것에서 평범한 것으로 전환되게 된다. ③ 시간이 지나면 이제 그것도 고갈 난다. 그럼 그때부터 자신이 직접 감사할 일을 찾게 된다. 바로 선행이다. 나의 선행에 동료가 기뻐하니 나 또한 감사의 마음을 느끼게 된다. ④ 이후부터는 감사의 영향을 받은 동료로부터 예기치 않은 감사의 피드백이 오고, 나에게 감사한 일들이 계속 생겨난다.

실로 놀라운 일이 아닐 수 없다. ⑤ 1,000 감사 작성이 마무리될 무렵에는 과거 냉소적이고 세상에 대해 부정적으로 바라만 봤던 나의 성격이 상대방을 배려하고 매사 감사하는 성격으로 바뀌게 된다. 처음부터 의도치 않았고 단지 생각을 글로 표현했을 뿐인데 어느 새부터인가 '나의 운명'이 바뀐 것이다. 필자가 앞서 본문에서 강조했던 말의 놀라운 기적이 발현된 셈이다. "감사노트! 네가 있어 나는 늘 감사하다."

5장

판도라는
마녀가 아니다

마녀에게 있어 인권이란?

16~17세기 유럽. 그리스도교 이외의 어떠한 사상과 행동도 용납할 수 없었던 시대, 체제에 대한 불만과 저항을 하는 사람이 있다면 마녀로 둔갑시켜 희생양으로 삼던 시절이 있었다. 일단 마녀가 되면 더 이상의 항변과 법리는 소용이 없다. 언제 어떠한 방식으로 죽느냐만 남을 뿐이다. 오늘날의 상식으론 도저히 이해되지 않는 이러한 마녀사냥은 언제, 어떻게, 왜 생겨났을까?

흔히 마녀사냥은 종교에 기반한 세계관이 지배적이었던 유럽 중세시대에 많이 발생했을 것으로 생각하지만, 사실은 1550년에서 1650년 사이. 즉 중세에서 근대로 넘어가는 시기에 집중적으로 발생했다. 물론 그 이전과 이후에도 없던 것은 아니었지만, 16~17세기에 집중적으로 발생한 것에는 그만한 이유가 있다. 먼저 그 시기는 우리가 소빙하기라고 부르는 시기와 일치했다. 이전보다 겨울이 길고 여름이 짧아짐으로써 많은 사람이 추위에 떨어야 했고, 이에 따라 생산량이 부족해지면서 굶주리게 되었다. 게다가 이전부터 발생했던 흑사병과 가축들의 전염병이 창궐했고, 17세기 초반 독일을 무대로 구교(가톨릭)와 신교(프로테스탄트) 간에 벌어진 '30년 전쟁'에 유럽 대부분이 참전함으로써 많은 나라가 인적·물적 피해를 보았다. 30년 전쟁의 주 무대였던 독일만 하더라도 인구의 30~40%가 전투 또는 질병으로 사망했다고 하니 당시 전쟁으로 인한 사회적 혼란이 얼마나 극심했는지 미뤄 짐작할 수 있겠다. 또한, 30년 전쟁에 가톨릭 국가들이 패배함으로써 독일 제후국 내 가톨릭, 루터파, 칼뱅파가 각각 동등한 지위를 확보하게 되어 기존의 종교적 세계관이 흔들리게 되었는데, 어찌 되었든 당시 지배층 입장에서는 이러한 상황을 설명할 그럴듯한 이유를 찾아야만 했고, 그것이 바로 마녀의 등장 배경이 된 것이라고 역사학자들이 추정하고 있다.

이를 방증하는 것이 "마귀의 주문으로 겨울을 더 길게 했다고 자백한 118명의 여자 마녀와 2명의 남자 마녀를 불 속으로 던져 넣었다."라고 주장한 '헨리 찰스 리'의 이야기나, "마녀들이 질병을 일으켜서 전염병이 생겼다."라는 재판 기록 등을 들 수 있다. 사회적 혼란을 수습하고 지배층에 대한 불만을 무력화하기 위해 대중들의 분노 표출을 지배층에서 하위층 평민(마녀)으로 옮기는 전략. 다시 말해 종교라는 테두리 내에서 애꿎은 사회적 약자를 만든 뒤 죄를 뒤집어씌워 잠재우려는 심보인데 너무나 야비하고 비이성적인 행위가 아닐 수 없다.

그럼 마녀재판은 어떻게 진행되었을까? 인권이나 법률적 측면에서 한번 살펴본다면, 우선 마녀는 가난하고 무식하고 늙고 힘없는 여자들이 주 대상이었다. 특이한 것은 돈 많은 과부나 혼자 사는 여자들도 주요 표적이었는데, 이는 남편이 없으니 '악마와 간통했다'라는 식으로 덮어씌우기 편했고, 마녀재판으로 몰수된 재산 일부가 신고자에게 돌아갔기 때문이기도 하였다. 또한, 마녀사냥은 대개 마녀로 의심된다는 고소로부터 시작되었는데, 고소인의 대부분은 이미 마녀로 지목되어 투옥된 사람이었다. 쉽게 말해 자기는 이미 모진 고문을 받고 있고 어차피 마녀의 증거 같은 것은 없으니 평소 개인적 원한이 있거나 마을에서 평판이 좋지 않은 이를 선택하는 경우가 많았다는 것이다. 범죄사실을 인정하는 데 필요한 최소한의 합리성도, 사실인정의 기초자료인 증거도 없는 피해자로서는 정말 미치고 환장할 노릇임에 틀림이 없다. 이것은 분명 오늘날의 무고죄에 해당되지만, 일단 마녀로 지목되어 끌려오게 되면 더 이상의 법리나 인권은 의미가 없다. 지하실 등에 감금되면 검사관은 검사 명분으로 옷부터 벗긴다. 신체에 마녀의 흔적이 남아 있나 검사하기 위함이라지만 애초에 그런 것이 있을 수 있겠는가? 그냥 극도의 수치심을 줘서 자백하게 하거나 성폭력의 대상이 될 뿐이다.

재판 과정은 더 기가 막힌다. 재판관이 '악마와 성적인 관계를 맺었는지' 또는 '악마와 어떤 거래를 했는지' 등의 심문을 하는데 그걸 그대로 인정하는 사람이 얼마나 있겠는가? 응당 자백하지 않을 것이고 이 경우 바로 고문에 들어간다. 과거 유럽 국가에서는 '피의자는 진실을 말할 의무가 있다'고 생각했고, 피의자 스스로 자신의 결백을 증명하지 못하면 유죄'라는 인식이 있었다. 이는 오늘날 피의자에게 진술을 거부할 권리가 부여되고, 증명책임(입증의 부담)은 검사에게 있는 것과는 상반되는 개념이다.

그리고 자백만으로도 유죄를 선고한 탓에 고문에 의한 자백 강요는 당연했으며, 고문은 심증만으로도 행할 수 있는 합법적인 수사기법이기도 하였다. 이것 역시 오늘날 "자백이 피고인에게 불이익한 유일의 증거인 때에는 유죄의 증거로 삼지 못한다"는 자백의 보강법칙이나, "고문·폭행·협박·구속의 부당한 장기화나 기망 기타의 방법에 의하여 임의로 진술된 것이 아니라고 의심될 경우 유죄의 증거로 하지 못한다"는 자백배제법칙과도 정면으로 배치된다.

고문이 있고 난 이후에도 피고가 정말 마녀인지 아닌지를 실험해 보는 과정이 이어졌다. 정말 끈질기다. 마녀는 하늘을 날아다니기에 몸이 가벼울 것이라는 점에 착안해서 피고를 사슬에 묶은 뒤 강물에 던져 버린다. 이후 피고가 물 위로 뜨면 마녀가 되는 것이고, 만약 물에 뜨지 않으면 마녀가 아닌 것이 되는데 실제 물에 뜨지 않더라도 예외가 있다고 생각해서 한동안 지켜보았다. 뻔히 예상되듯이 이 과정에서 수많은 사람이 죽어 갔다. 비단 이뿐만이 아니다. 불에 달궈 놓은 쇠판을 걷게 해서 사망하면 사람, 살아나면 마녀로 간주하여 또 화형에 처했다. 이러나저러나 죽게 되어 있는 이 시대에 인권이라는 단어는 도저히 비집고 들어갈 틈이 없어 보인다. 심지어 프랑스와 영국 간 백년전쟁에서 프랑스의 구국 영웅이었던 '잔 다르크'도 영국군에 사로잡힌 뒤 마녀로 몰려 화형을 당했으니 더 말할 나위가 없겠다. 그런데 이 대목에서 의아한 점은 있다. 아무리 인권에 대한 개념이 없어도 멀쩡한 사람을 마녀라 단정 짓고, 마녀만 제거하면 혼란스러운 사회를 바로잡을 수 있다고 과연 생각할 수가 있는가?

과거 한 미국의 여론기관에서 미국 남부 미시시피주 공화당원에게 '오바마(Barack Hussein Obama Ⅱ)' 대통령의 종교가 무엇인지에 대한 질문을 한 적이 있었다. 응답자의 52%가 이슬람교, 12%만 기독교라 답변하였다. 그런데 미국은 이슬람 원리주의와 전쟁까지 치르는 기독교 국가이자 오바마가 평소 예배와 기도회에 참석하는 모습이 언론에 자주 공개된 바 있으며, 오바마 스스로 "나의 정책은 예수의 말씀에 기초한다."라고 말한 적도 있다. 아마도 오바마의 미들네임인 후세인(Hussein)이 전범(戰犯) 사담 후세인과 겹쳐 이슬람교도로 오해했다고 생각되는데, 사실 남부 공화당원이 이를 모를 리 없을 것이다. 그들은 오바마가 기독교인임을 모른다기보다 믿고 싶지 않았던 것이다.

마찬가지다. 정치·경제·사회·문화·종교까지 혼란스러웠던 시절, 이 모든 것은 오로지 마녀 때문이고 불태워 버려야 할 마녀가 유럽 어디에나 존재한다는 의도적인 선동에 당시 사람들이 넘어간 것이다. 어찌보면 집단 히스테리 증상인데, 이들에게 사실 진실은 의미가 없다. 단지 자기가 보고 싶은 것만 보고, 믿고 싶은 것만 믿을 뿐이다. 마녀로 몰린 사람이 죽음에 이르러 이런 말을 했을 듯싶다. "내가 마녀라니! 죽는 것도 억울하지만 인간으로서 존재 그 자체를 부정당하니 더욱 원통하다. 이 시대에 정의와 인권은 과연 있는 것인가?" 하긴 인간이 아니라고 하니 애초부터 인권을 논할 필요도 없겠다.

그런데 세월이 훨씬 지난 오늘날에도 자신과 생각과 이념이 다르다는 이유만으로 또는 죄상이 명백히 밝혀지지 않았음에도 자의적 판단기준으로 인터넷 등을 이용, 집단이 개인을 상대로 무차별 공격을 하는 경우를 자주 보게 된다. 이른바 온라인상 여론 몰이자 여론 왜곡이다. 인터넷은 편리한 문명의 이기(利器)이긴 하지만 적절한 모함과 선전, 거짓으로 대중을 쉽게 선동할 수 있는 양면성을 지녔다. 사안에 대한 특정 프레임을 의도적으로 만들어 집단지성을 왜곡할 수 있으니, 이것이 곧 여론재판이자 21세기판 마녀사냥이 아닐 수 없다. 참된 지성이 요구되는 시점이기도 하다.

이런 관점에서 본다면 우리 선조들은 참으로 인간적이다. 과거 우리나라 왕들은 유럽의 지도자와는 달랐다. 나라에 전쟁이 나거나 전염병이 돌면 자신의 부덕(不德) 때문이라 자책하며 모든 책임을 자신에게 돌렸고, 심지어 극심한 가뭄이 들면 국가 의례로 기우제를 주관하기도 했다. 삼국시대는 물론 고려시대에도 가뭄이 들면 국왕 이하 대신들이 근신하고 제를 지냈다. 『고려사절요』를 보면 기우제를 지내는 예법이 소개되어 있는데, 이때에는 죄수들을 자세히 심리하여 억울하게 형벌을 받은 일이 없도록 하고 국왕은 정전을 피하여 밖에서 정무를 보았으며, 반찬의 가짓수도 줄였다는 기록이 나온다.

이는 조선시대도 마찬가지다. 유럽에서 마녀사냥을 낳게 했던 16~17

세기 소빙하기, 이 시기 조선에서도 막대한 피해를 보았는데 현종 11년과 12년(1670~1671)에 발생한 '경신 대기근'이 대표적이다. 이때는 "임진왜란도 이보다 나았다!"라는 말이 나올 정도로 한국 역사상 최악의 기근을 경험한 시기로 실록에 의하면 조정에서 적극적인 구호에 나섰음에도 당시 조선 인구 1,200만~1,400만 명 중에서 100만 명가량이 사망하는 피해를 보았다고 한다. 엎친 데 덮친 격으로 전염병까지 창궐해서 아사자(餓死者)가 최고조에 달했을 땐 사람 고기까지 먹었다고 하니 그 참혹함이란 형언조차 할 수 없겠다. 그런데 『현종개수실록』에 다음과 같이 현종이 자책하는 장면이 나온다. "가엾은 우리 백성들이 무슨 죄가 있단 말인가. 아! 허물은 나에게 있는데 어째서 재앙은 백성들에게 내린단 말인가?"

　　오늘날 많은 사람이 우리 사회의 부조리한 모습을 '헬조선'이라 비유하여 결과적으로 조선을 비하하고, 현재의 관점에서 서구 열강의 식민통치 영향으로 유교적 통치체계가 서구 민주주의의 대척점에 놓이며 비근대적인 것으로 간주하는데, 반드시 그런 것만은 아닌 것 같다. 오히려 현실 정치를 잘 반영하고 있고 상황이 좋지 않으면 자숙하면서 가난한 백성을 구제하려고 노력했으며, 적어도 비겁하게 약자에게 책임을 전가하거나 수만 명의 사람을 마녀라는 이름 아래 희생양으로 삼지는 않았기 때문이다. 어쩌면 우리나라 왕들은 유럽의 경우보다 훨씬 인본주의적이라 할 수도 있겠다.

무죄추정의 원칙&일사부재리의 원칙

헌법이나 형사소송법, 군사법원법과 같은 절차법을 보면 '무죄추정의 원칙'이 나온다. 피고인은 유죄판결이 확정되기 전까지는 무죄로 추정된다는 의미다. 여기서 유죄판결 확정 전까지라 했으니 당연히 3심까지 간다면 설령 1심과 2심에서 모두 유죄판결을 받더라도 대법원에서 유죄의 확정판결을 받을 때까지는 무죄로 추정해야만 한다는 것이다. 또한, 여기서 말하는 '추정'이란 일상에서 쓰는 추측 정도의 뜻이 아니라 무죄로서 법적 효과를 발생시킴을 의미한다. 즉 무죄추정을 한다는 것은 그저 무고하다고 전제하는 수준을 넘어 '무죄의 법적 효력이 있다'라는 의미를 지니며, 그 효력은 최종적으로 유죄가 선고되기 직전까지 지속됨을 가리킨다. 그리고 유죄의 사실인정은 증거에 의하고 합리적인 의심이 없는 정도의 증명에 이르러야 한다고 규정함으로써 형사법에서의 '증거재판주의'를 분명하게 규정하고 있다. 이는 우리 인간에게 있어 가장 기본적인 자유권인 신체의 자유를 보장하기 위함이고, "열 도둑을 놓치더라도 한 명의 억울한 사람을 만들어서는 안 된다"는 법언에 대응하는 형사소송 절차의 대원칙이라 할 수 있다. 이러한 무죄추정의 원칙은 국내 법뿐 아니라 대다수 국가에서 또한 세계인권선언에도 등장하니만큼 침해해서는 안 될 근원적인 인권임을 미뤄 짐작할 수 있다. 아무래도 개인은 공권력 앞에서 약자가 될 수밖에 없기에 유죄를 규명할 책임을 국가에 두고 그 이전까지는 무죄로 본다는 의미일 테다.

한편, 헌법 제13조 1항에 "모든 국민은 행위시의 법률에 의하여 범죄를 구성하지 아니하는 행위로 소추되지 아니하며, 동일한 범죄에 대하여 거듭 처벌받지 아니한다."라며 '일사부재리의 원칙'을 천명하고 있다. 형사소송법이나 군사법원법에서도 "확정판결이 있으면 판결로써 면소의 선고를 하여야 한다."라며 일사부재리의 원칙을 뒷받침하고 있다. 이미 처벌을 받았음에도 법을 개정하거나 여타의 이유로 다시 처벌한다면 인간의 기본권 중 신체의 자유 등을 크게 억압받고, 특정 인물을 범죄자로 만들기 위해 악용될 여지도 있기 때문이다.

이렇듯 무죄추정의 원칙이나 일사부재리의 원칙은 인간에게 있어 중요한 기본권을 보장하고 법적 안정성 속에서 평온한 일상을 보장하기 위함이라 여겨진다. 그런데 현실은 어떠한가? 대다수 사람이 무죄추정의 원칙이라는 개념은 이해하지만, 실제로는 언론이나 SNS 등을 통해서 특정 사건과 관련된 인물이 알려지면 그 순간 마음속으로 결론을 내리고 단죄해 버린다. 수사나 재판 결과, 그리고 진실은 중요한 게 아니다. 그냥 자기가 믿고 싶은 대로 믿는 것이다. 그것도 소신이자 신념이라면 할 말이 없겠다. 그러다가 피의자가 무죄이거나 아무런 관련이 없다는 사실이 확인된다면 어떻게 될까? 이미 나쁜 사람으로 사회적 각인이 되었기에 회복은 쉽지 않다. 설사 어렵게 언론중재 신청을 통해서 정정 보도 등을 냈다 하더라도 실효성이 떨어진다. 그 보도를 몇 사람이나 볼 것이며 설령 보더라도 그 기사를 믿지 않는 사람이 대다수이고, 믿더라도 이미 각인된 이미지를 지워 버리기 쉽지 않기 때문이다. 그래서 우리 주변을 보면 사실이 아님이 밝혀졌지만, 다시 정정 보도를 내는 과정에서 과거의 오보(誤報)를 대중들에게 재각인시킬 우려가 있어 더는 보도되지 않기만을 바라며 조용히 언론중재 신청을 포기하는 사람도 많다. 명예훼손 고소 등 법적 대응도 마찬가지다. 그냥 망가지는 것이다.

이러한 현상은 군도 마찬가지로 대표적인 경우가 사고사례 전파다. 각 군에서 사고예방을 위한 교육자료 차원에서 제한적으로 전파되고 있는 사고사례는 피의자의 명예를 훼손시킬 개연성이 매우 높다. 공익의 목적은 분명 존재하지만, 그것이 진실이든, 허위든 기본적으로 피의자의 비위사실을 전파하는 것이기에 인권 측면에서 신중해야 한다. 또한, 사고사례는 범죄신고 접수를 하거나, 이제 막 형사입건 단계에서 정식 수사를 진행하지 않는 내용이 대부분이므로 무죄추정의 원칙 측면에서도 조심히 다뤄야 한다. 따라서 사고사례를 한낱 가십거리나 정보 제공 수단으로 접근해서는 안 될 것이다. 최근 육군에서 사고사례를 통제하고, 예방 목적에 한해 제한적으로 활용하고 있는데, 이러한 관점에서 무척 다행스러운 일이라 여겨진다.

그런데 '무죄추정의 원칙'은 단순히 법관의 법 감정이나 피고인 입장에서 수사하기 위해 만들어진 것이 아니라, 수사기관에서의 강압수사를 예방하고 중립적인 가치를 만들기 위함임을 이해할 필요가 있다. "죄를 벌하는 것보다 무고한 사람을 보호하는 것이 더 중요하다. 만일 무고한 사람을 법정에 세워 유죄선고를 하고 그를 사형에 처하기라도 한다면, 시민들은 말할 것이다. '내가 죄를 범하든 말든 상관없어! 죄를 저지르지 않는다고 보호받는 것도 아니니까!' 그리고 그런 생각이 시민의 의식 속에 자리를 잡는다면 그 어떠한 안전도 다 끝일 것이다." '존 애덤스'의 이야기다.

이러한 무죄추정의 원칙이나 일사부재리 등의 원칙은 지금껏 언급했듯이 사법권의 남용을 막기 위함이라 의당 이해가 된다. 그렇다면 이미 유죄판결이나 처벌을 받은 사람들은 어떻게 해야 할까? 그들은 이미 사회적 합의로 제정한 법률과 규칙을 위반했기에 사법처리를 받고 죗값도 치렀다. 그렇다면 그다음은 어떻게 해야 하나? 이들을 계속 도덕적으로 비난하고, 사회와 격리해야 하는가?

물론 필자가 죄를 지은 사람을 두둔하는 것만은 아니다. 단죄한다는 것은 정의 구현과 응징이라는 국민의 법 감정, 정서와도 연결되어 있고, 이를 통한 범죄예방 효과, 그리고 손상된 사회의 이익을 회복한다는 점에서 의미가 있다. 그러나 주변을 살펴보면 그 도가 지나치고, 따돌림과 경멸이라는 비열한 무기를 이용, 마치 과거의 마녀처럼 또다시 단죄하려는 현상이 자주 목격된다. 이른바 '인격살인'으로 이것이 문제가 된다는 것이다.

인간은 본시 불완전한 존재다. 그래서 끊임없는 학습과 교화를 통해 지성과 양심을 개발해 나가는 존재이기도 하다. 일단 본인이 의도했든 그렇지 않든 간에 사회적 합의를 깬 대가는 치러야 한다. 그러나 그 이상의 단죄는 곤란하다. 이것이 바로 죄형법정주의이자 일사부재리의 원칙이다. 인격살인은 사실 누구나 쉽게 할 수 있다. 그러나 용서는 아무나 할 수 없다. 이미 죗값을 치렀고 조직에 기여할 수 있는 뛰어난 역량과 의지가 있는 사람이라면 다시 일어설 수 있는 재기의 발판과 개과천선(改過遷善)의 기회를 줘야 한다. 그렇지 않으면 조직이나 사회적으로 손실이며, 인간적으로도 가혹하고 잔인한 횡포이자 악행이 되기 때문이다. 우리 주변을 돌아보면 의외로 이러한 것으로 고통받는 사람들이 많이 있다. 심적인 자괴감과 주변의 따가운 시선, 그리고 가족들에 대한 미안함 등으로 홀로 분기탱천(憤氣撑天)하거나 반대로 그간의 열정과 의지가 사그라진 채 생활하다 소중한 생명권마저 파괴하기도 한다. 이들도 우리의 이웃이다.

범위를 좁혀 우리 군을 한번 들여다보자. 혹 한순간의 잘못으로 형사처벌, 징계처분을 받은 사람을 대하길 벌레 보듯 하지는 않았는지? 곰씹어 생각해 볼 문제다. 각종 사건에 연루되거나 징계처분을 받은 이들, 비위 등으로 보직해임되어 보충대에서 대기하는 이들. 아마도 그들은 처벌에 대한 두려움보다 레이저 광선 같은 주변의 시선에 더더욱 힘들어할지 모른다. 성경 말씀에 "너희 가운데 죄 없는 자가 먼저 저 여자에게 돌을 던져라"라는 내용이 나온다. 세상에 죄 없는 사람이 어디 있는가? 돌을 던지려는 사람은 과연 그녀를 단죄할 자격이 있는 의인이었던가?

판도라의 눈물

그리스 신화에 등장하는 '판도라' 이야기가 흥미롭다. 판도라. 그리스 신화 속 최초의 여성으로 열어 보지 말라는 항아리를 열어 인간에게 질병과 고통, 슬픔을 안겨 준 여인으로 널리 알려져 있다. 그런데 이런 판도라 이야기를 하려면 먼저 판도라의 탄생 배경부터 알아볼 필요가 있다. 그리스 신화에서 인간을 처음으로 만들고, 그런 인간에게 불을 선물한 '프로메테우스'에서 이야기는 시작된다. 이 부분은 김상준의 저서 『심리학으로 읽은 그리스 신화』(보아스, 2016)를 일부 인용하였다.

어느 날 프로메테우스는 진흙에다 물을 붓고 이를 반죽하여 신의 형상을 한 인간을 만들었다. 인간의 모습을 본 프로메테우스는 매우 흡족해하였고 다소 미덥지는 않지만, 동생 '에피메테우스'에게 인간이 스스로 살아갈 수 있도록 필요한 능력을 주라고 부탁했다. '뒤늦게 생각하는 자'라는 의미의 이름을 가진 동생 에피메테우스는 다른 동물들은 날개나 강한 이빨, 발톱 등의 능력을 주었지만, 정작 인간에게는 깜빡 잊어버려 아무것도 주지 않았다. 뒤늦게 이 사실을 한 프로메테우스는 본인이 직접 나서 인간에게 선물하려 했지만 이미 동생이 다른 동물들에게 능력을 모두 나눠 줘서 줄 것이 없었다. 고심하던 프로메테우스는 몰래 제우스의 불을 훔쳐서 인간에게 건네줬다. 불은 천상(天上)의 재산으로 제우스 신이 다른 이에게는 절대 주지 말라고 신신당부해 오던 터였다. 이렇게 불을 받은 인간은 비로소 어두운 밤을 밝히고, 고기도 구워 먹을 수 있게 되었다. 그러자 제우스는 자신의 허락 없이 신의 모습을 한 인간을 만들고, 그것도 모자라 불까지 훔쳐 인간에게 준 프로메테우스를 도저히 용서할 수가 없었다.

그러나 제우스는 과거 티탄 신족 '크로노스' 형제들과의 '10년 전쟁'(티타노마키아, Titanomachia)에서 같은 티탄족이면서도 작전참모 역할을 훌륭히 수행하여 자신이 이끄는 '올림포스 12신'에게 승리를 안겨다 준 프로메테우스에게 직접 벌을 가할 순 없었다. 고심 끝에 제우스는 자신의 이름이 더럽히지 않도록 겉으로는 인간을 돕는 것처럼 포장한 채, 프로메테우스 대신 프로메테우스가 제일 아끼는 인간(당시 남자만 존재)에게 벌을 주기로 했다. 이후 일은 일사천리로 진행되었다. 아들이자 대장장이의 신인 '헤파이스토스'에게 인간에게 재앙을 안겨다 줄 선물을 만들라고 지시했고, 이에 헤파이스토스는 자신의 아내인 미(美)와 사랑의 여신 '아프로디테'의 모습을 본뜬 아름다운 여인을 만들었다. 헤파이스토스는 인간(남자)에게 가장 필요하면서도 인간(남자)을 괴롭힐 존재가 여자라 생각한 것이다. 그렇게 해서 만들어진 인류 최초의 여자가 바로 '판도라'다.

　올림포스의 신들은 판도라를 우둔한 에피메테우스에게 보냈다. 그리고 판도라에게 호기심을 불어넣고 재앙이 가득 담긴 항아리를 선물로 주었다. 에피메테우스와 결혼한 판도라는 어느 날 항아리를 생각해 냈다. 그 안에 무엇이 들었을까? 사실 판도라는 천상에서 내려올 때부터 항아리에 대해 올림포스 신들에게 물어보았지만 아무도 가르쳐 주지 않아 내심 궁금해 왔었다. 호기심이 발동한 판도라가 이윽고 항아리 뚜껑을 열었다. 그러자 항아리 안에서 온갖 재앙이 쏟아지기 시작했다. 깜짝 놀란 판도라는 황급히 뚜껑을 닫았지만 이미 질병, 슬픔, 고통 등 온갖 재앙이 인간세계로 널리 퍼진 뒤였다. 항아리에 남은 것은 단 하나 '희망'뿐이었다. 이것이 판도라가 악의 축이 된 사연의 전부다.

　그렇다면 판도라는 과연 무슨 죄를 지었을까? 굳이 죄를 묻자면 항아리 뚜껑을 한 번 열었다는 죄일 것이다. 실상 제우스 신이 별다른 잠금장치도 하지 않은 채 그렇게 하도록 유도했으면서도 말이다. 그런데도 굳이 잘못을 따지자면 판도라에게 거기에 상응한 죗값만 물으면 된다. 그 죗값이 과연 얼마나 되겠는가? 그리고 엄밀히 말하자면 오늘날 널리 알려진 '판도라의 상자(항아리)'도 잘못된 표현이다. 전령의 신 '헤르메스'를 시켜 판도라에게 항아리를 전달한 신이 바로 제우스이기 때문이다. 따라서 '제우스의 상자(항아리)' 정도가 맞을 것이다. 어쨌거나 인간에게 재앙을 내린 책임을 판도라에게 뒤집어씌운 계책은 성공한 셈이다.

여기서 궁금한 것은 제우스는 왜 그렇게 자신을 도와 티탄족과의 전쟁에서도 승리를 안겨다 준 프로메테우스와 그가 만든 인간을 싫어했을까? 하는 점인데, 서울대 김헌 교수 등 여러 서양 고전학자들의 의견을 종합하자면 이렇다. 사실 프로메테우스는 이름에서도 알 수 있듯이 '먼저 생각하는 자'로 예지력이 뛰어났다. 그래서 티탄족과의 전쟁에서도 제우스가 승리할 것을 예견하여 올림포스 신들의 편에 서서 작전참모 임무를 수행한 것이다. 제우스는 전쟁에서 승리한 후 신상필벌을 감행했는데 이는 자신을 도와준 형제자매들과는 확고한 올림포스 12신 체제를 구축하고, 자신과 맞서 싸웠던 신들이나 향후 위협이 될 만한 존재는 제거할 필요가 있었기 때문이다. 이때 벌을 준 대표적인 신이 티탄족을 도왔던 '아틀라스(Atlas)'로서 거대한 체구에 걸맞게 천구(天球)를 떠받치는 형벌을 내렸다.

그런데 이 아틀라스의 동생이 바로 프로메테우스다. 또한, 프로메테우스는 뛰어난 예지력과 함께 특출난 지혜를 가졌으며, 허락도 없이 인간을 만들고 금지하고 있는 불까지 인간에게 줄 정도로 대담했기 때문에 제우스로서는 향후 자신을 위협할 강력한 경쟁자라 여길 수밖에 없었다. 아마도 자신을 최고의 신 주신(主神)으로 만들었으니 역으로 자신을 끌어내리는 힘 또한 가지고 있으리라 생각했을 것이다. 이런 맥락에서 제우스는 프로메테우스를 인간에게 불을 줬다는 다소 석연찮은 이유를 들어 코카서스산 절벽에 결박시킨 뒤 매일 독수리에게 간을 뜯기는 형벌을 내렸고, 프로메테우스가 만든 인간에게는 상자를 열게 해 온갖 재앙을 퍼뜨리고 대홍수를 일으킨 뒤 제우스가 선택한 자만 살려 주고 나머지는 죽여 버렸다. 이 과정에서 희생양이자 도구로 이용된 자가 바로 이 글의 주인공 '판도라'다.

　어찌 됐든 판도라는 잘못의 정도를 넘어 오늘날까지 인간을 낙원에서 끌어내고 고통을 안겨다 준 원흉이자 유혹과 욕망의 화신이며, 천하의 악녀가 되었다. 판도라로선 정말 억울하기 이를 데 없을 것이다. 2016년도에 국내에서 원자력발전소 폭발로 인한 혼돈과 무질서, 공포를 그린 재난 영화가 개봉된 적이 있었다. 그런데 영화 제목이 하필 '판도라'다. 왠지 측은하다는 생각이 든다.

인지심리학자들의 경고

캘리(Kelly), 엘리스(Ellis), 백(Beck). 대표적인 인지심리학자들이다. 이들은 인간에 대해 논의를 하기 위해서는 정서, 인지, 행동이라는 세 가지 체계를 다뤄야 하는데, 이 중 인지적 요소가 가장 중요하며 개인의 감정이나 행동은 인지 혹은 생각에 의해 통제될 수 있다고 보았다. 그리고 같은 현상을 보거나 경험하더라도 사람마다 자신이 만들어 낸 주관적 세계가 있어 이를 어떻게 인식하고 생각하느냐에 따라 해석이 변하며, 해석을 초월한 세계관은 존재하지 않는다고 하였다. 즉 사람마다 사물이나 현상을 판단하는 사고체계나 접근방식이 있다는 이야기인데, 이를 대변할 수 있는 재미있는 일화가 있어서 한번 소개해 보겠다.

어느 회사에서 영업사원 지원자를 상대로 "열흘 동안 스님들에게 나무 빗을 팔고 오라"는 문제를 제시하였다. 응시자 대부분이 어이없어하며 바로 집으로 돌아갔는데, 그중 세 사람만이 끝까지 도전하여 각각 빗

1개, 10개, 1,000개를 팔았다. 1개를 판 사람의 사연은 이렇다. 스님에게 온갖 욕설을 듣고 산에서 내려오던 중 또 다른 스님 한 분이 개울에서 목욕하며 머리를 긁고 있는 것을 보고, "이 빗으로 머리를 긁으면 시원합니다."라고 하소연하여 간신히 하나를 팔았다. 10개를 판 사람은 "스님은 필요가 없겠지만 산에 올라오느라 머리가 헝클어진 불자들을 위해 절에 빗 하나 비치하면 좋지 않겠습니까?"라고 설득하여 열 군데 절에서 1개씩 총 10개의 빗을 팔 수 있었다. 그런데 1,000개를 판 사람은 무턱대고 산에 올라가지 않았다. 대신 인산인해를 이루는 시내 유명 사찰의 주지 스님을 찾아가서 "이곳을 찾아오신 신자들에게 부적과 같은 의미로 선물을 하면 얼마나 좋겠습니까? 또 그냥 주는 것보다 빗마다 스님의 필체로 '선을 쌓는 빗'이란 뜻으로 적선소(積善所)라고 새겨 주면, 더 많은 신자가 찾아올 것입니다."라고 말했다. 일리가 있다고 생각한 주지 스님이 우선하여 나무 빗 1,000개를 사서 신자들에게 선물해 보니 반응이 가히 폭발적이라 이 응시자에게 여러 종류의 빗을 더 많이 주문했고, 매년 주기적으로 적선소 납품도 부탁했다. 1,000개를 판 사원이 면접관에게 당당히 말했다. "열흘 동안 비록 천 개밖에 못 팔았지만 앞으로 저는 수천, 수만 개의 빗을 팔 수 있게 되었습니다." 누가 선발되었을까?

이 일화는 사물이나 현상을 보는 관점, 즉 인지적 관점이 성과에 있어서 얼마나 많은 영향을 미치는지를 극명하게 보여 주는 사례다. 첫 번째 응시자는 스님에게 빗을 팔아야 한다는 사고에 고착되어 관점을 스님에게만 두었다. 두 번째 응시자의 경우는 좀 낫긴 하지만 스님에서 절로 관점을 전환한 것에 불과하였다. 그러나 세 번째 응시자는 관점을 스님이

나 절에 둔 것이 아니라 신자들, 나아가 잠재적 신도인 일반 국민에까지 넓혔다.

위 사례는 사람마다 사물이나 현상을 대하는 인식의 틀이 다름을 의미하는데 인지심리학의 대표주자 캘리(Kelly)는 인간은 자신의 환경에 대한 구성개념(시각의 틀, 인식의 틀, 판단의 틀)을 창조하며, 이러한 구성개념의 틀 속에서 사건을 예견하고 해석하며 삶을 영위한다고 했다. 다시 말해 인간은 자신이 만들어 낸 주관적 세계 속에서 살아감을 의미한다. 그런데 이러한 구성개념은 몇 가지 유형이 있다. 먼저 "도둑질한 사람은 또다시 도둑질한다."라는 식으로 어떤 사건을 한가지 뜻으로만 해석하는 '선취배타적(preemptive) 구성개념'과 '남자들이란……/여자들이란……' 식으로 어떤 현상들을 동일한 특성을 가진 일정한 범주 속에 집어넣으려고 하는 '범주적(constellatory) 구성개념' 그리고 현상의 이면을 생각하고 대안적 세계관을 가지는 '발의적(propositional) 구성개념'이 바로 그것이다. 앞의 사례와 접목해 보면 1개나 10개를 판 응시자의 경우 스님은 머리카락이 없으므로 당연히 빗이 필요 없을 것이라고 단정하는 '선취배타적 구성개념'이나 스님과 절을 자신이 생각하는 특정 범주에만 집어넣는 '범주적 구성개념'을 가졌기에 빗을 많이 팔 수 없었다. 여러분은 어떤 구성개념을 가졌는가?

대개 적응을 잘하고 건강한 사람은 자신의 구성개념을 수시로 평가하되 만일 타당성이 없다고 생각되면 그 구성개념을 버리거나 핵심체계를 변경하고, 자신의 구성개념 체계의 범위를 확장하고자 노력한다. 반면 부적응한 사람들은 구성개념 변화에 대하여 공격적이거나 적대감을 표출하고 때로는 죄책감을 느끼거나 불안해한다. 요컨대 구성개념이 경직되거나 심리적 문제가 있는 사람은 예측능력이 부족하므로 자신의 세계에서 일어나는 일들을 해석하기 위한 새로운 방식들을 정신없이 찾아 헤매기만 한다. 이것도 해 보고 저것도 해 보자는 식인데 결국 죽도 밥도 안 된다. 또는 이와는 반대로 거듭 똑같은 예측을 함으로써 계속되는 실패에도 불구하고 자신의 구성개념 체계를 끝까지 고수하기도 한다. 아인슈타인의 말 중에서 이와 관련된 어구가 있다. "어제와 똑같이 살면서 다른 미래를 기대하는 것은 정신병 초기 증세이다." 그런데 이런 유형의 사람들이 의외로 우리 주변에 많이 있다.

또 다른 인지심리학자 앨리스(Ellis)는 한술 떠 떴다. "인간에게는 사용되지 않은 거대한 성장자원이 있으며 운명을 변화시킬 수 있는 능력이 있지만, 동시에 비합리적으로 생각하고 자신에게 해를 끼치려는 선천적 경향성이 있다."라고 했다. 즉 인간은 자신의 삶 속에서 최상의 것을 원하고 그것을 추구하려는 강한 경향성이 있지만, 한편으론 자신이 원하는 것을 얻지 못하면 자신과 타인, 세상을 두루 비난하는 경향도 타고났으며, '자기파괴(self-sabotaging)' 본능이 있다는 것이다. 정신분석학의 거장 프로이트도 사실 비슷한 주장을 한 바 있다.

앨리스가 주장하는 이러한 비합리적 신념은 자신이나 타인, 환경이나 조건이 내가 원하는 대로 되어야 한다는 '당위주의(mustism)'에서 출발하고, 만일 이것이 무너지면 파멸을 맞이할 수 있음을 내포한다. 가령

"사랑하는 사람은 항상 같이 있어야 한다."라고 생각하는 사람이 막상 사랑하는 사람을 떠나보내게 되면, 인생이 파멸된다는 비합리적인 생각을 하게 되고, 이것이 곧 불안, 우울, 흥분으로 이어지며 그렇게 느끼는 자신을 보고 또다시 불안하고 우울해하는 악순환이 계속된다는 것이다. 이런 사람들은 잘못된 신념을 논박해서 바꿔 주는 상담치료 등의 조치가 필요하다.

이러한 관점에서 만일 죄를 지은 사람들을 멸시나 비난으로 일관하고, 나는 원래 정의롭고 선한 사람이라는 가치를 스스로 부여해서 그들을 선취배타적이나 범주적 구성개념의 틀 속에만 가두어 둔다면 쌍방 간에 비합리적 기제가 발동해서 예상치 못한 결과를 초래할 수 있다. 인격살인 정도에 그치는 것이 아니라, 때에 따라서는 치명적인 결과를 초래할 수 있다는 의미다. 이것은 현대판 '마녀사냥'이자 '판도라'의 예와 다를 바 없다.

사고자들은 분명 밉다. 그러나 그것은 정서적 감정으로 그것과 인권은 별개의 문제다. 불완전할 수밖에 없는 우리 인간에게 사회적 낙인은 어쩌면 자신에게 돌아오는 부메랑이 될 수도 있다. 누가 사마리아 여인을 비난할 수 있단 말인가? 과거가 미래를 가두는 감옥이 되어서는 안 된다. 조직과 가정에서 설 자리를 잃어버린 그들. 오늘도 하릴없이 먼 산만 바라보는 그들에게 만회할 기회를 한번 줘 보면 어떨까? 그리고 가슴으로 품어 보자. 다시 일어서라고…….

ㆍ ㆍ ㆍ ㆍ ㆍ ㆍ ㆍ ㆍ ㆍ #5. 삶은 계란에 대한 소고(小考) ㆍ ㆍ ㆍ ㆍ ㆍ ㆍ ㆍ ㆍ

어릴 적 필자가 기차를 탈 때 제일 먹고 싶었던 것이 '삶은 계란'과 '사이다'였다. 카트를 끌며 종횡무진 객차 통로를 누비던 승무원의 목소리가 당시에는 왜 그리도 반갑던지…… "삶은 계란이 왔어요. 사이다도 있어요." 이젠 그 추억도 아련하다. 언제부터인가 코레일 측에서 승객들의 통행에 불편을 주고 이런저런 이유로 적자가 생기면서 철수를 시켜 더는 카트를 끌고 계란을 파는 모습을 볼 수 없게 되었기 때문이다. 그러나 그 기억이 우리네에게 너무나 강렬했는지 한때 '삶은 무엇인가?'라는 질문에 '계란'이라고 답변하는 우스갯소리가 대중들 사이에 많이 회자되었었다.

그런데 필자는 언제부터인가 계란과 관련된 '줄탁동시'라는 단어를 생각하면서 "삶은 계란이다."라는 말이 제법 그럴싸하다고 느끼게 되었다. 줄탁동시란 병아리가 알에서 깨어나기 위해서는 병아리가 먼저 부리로

껍데기 안쪽을 쪼고, 또 어미 닭도 병아리 소리를 듣고 밖에서 쪼아 새끼가 알을 깨는 행위를 도와야 함을 일컫는데, 이 말은 본디 수행승(병아리)의 역량을 단번에 알아차리고 바로 깨달음에 이르게 하는 스승(어미닭)의 예리한 기질을 비유한 불교 용어라고 한다.

그런데 병아리 관점에서 곰곰이 생각해 보면 병아리가 아무리 열심히 알을 두드려도 어미 닭이 도와주지 않으면 알을 깨지 못하는 것이지만, 반대로 아무리 옆에서 도와주려고 해도 병아리가 먼저 알을 쪼지 않는다면 도와줄 도리가 없고, 만일 때가 됐는데 두드림이 없어 행여나 하는 마음으로 어미가 성급히 알을 깬다면 병아리는 죽임만 당할 뿐이다. 즉 내부적 역량과 외부적 도움과의 적절한 조화와 타이밍은 필요하지만, 결국 알을 깨고 나오는 것은 병아리고 때에 맞게 성숙할 책임도 병아리 자신에게 있는 것이다. 이러한 측면에서 '줄탁동시'는 우리네 인생과 너무나 닮았다. 삶의 주체는 결국 '나 주변'이 아닌 바로 '나 자신'이며, 내가 준비하고 성숙할 때 비로소 환경적 도움과의 상승효과가 나타날 수 있음을 유념해야 하겠다.

또한, 계란이 병아리가 되고 병아리가 자라서 닭이 되고 그 닭이 또 알을 낳는 것도 돌고 도는 인생과 비슷하고, 껍질이 쉽사리 깨지기 쉬운 것도 우리네 마음과 비슷하며, 날것이든 삶은 것이든 구운 것이든 끓는 물에 푼 것이든 저마다의 가치가 있는 것도 어떠한 인간이라도 장점이 있으며 분명한 역할이 있음을 생각할 때 닮은 점이 참으로 많아 보인다.

당근과 계란, 커피 이야기도 흥미롭다. 어느 젊은 딸이 어머니에게 "사는 게 너무 힘들어서 이제 두 손 놓고 싶다."라고 고민을 털어놓았다. 딸의 말을 듣고 있던 어머니는 딸을 데리고 부엌으로 갔다. 그리고 냄비 세 개에 물을 채우더니 당근, 계란, 커피를 차례대로 집어넣었다. 시간이 지나고 어머니는 이야기한다. "이 세 가지는 모두 끓는 물이라는 역경에 처했는데 반응은 저마다 달랐다. 단단해 보이는 당근은 끓는 물과 만나더니 부드러워지고 약해졌다. 그리고 깨지기 쉽고 연약해서 안에 있는 내용물들을 잘 보호하지도 못하는 계란은 끓는 물을 만나자 오히려 더 단단해졌다. 그런데 커피는 좀 특이하다. 들어가기 전에는 아무런 능력도 없는 가루에 불과했는데 끓는 물을 만나자 물을 변화시켜 버렸다. 너는 어떤 부류냐? 겉으로는 강해 보이지만 고통이나 역경을 만나면 한없이 약해지는 당근이냐? 그렇지 않으면 겉은 약하지만, 고통을 겪은 뒤에 오히려 단단해지는 계란이냐? 최소한 계란 정도는 되어야 삶이 의미 있지 않겠냐? 그런데 말이다. 계란도 좋지만 만일 네가 고통과 역경 속에서도 독특한 향기와 풍미를 내며 너를 고통스럽게 하는 주위 환경까지도 바꿀 수 있는 커피라면 얼마나 너의 삶이 멋지고 풍요롭겠냐? 모든 것은 다 너의 마음에 달려 있다."

인생은 사계절과 비슷하다. 봄에는 씨를 뿌리는 시기라서 바쁘기만 하지 얻는 게 없고, 여름은 무럭무럭 자라는 시기다. 가을은 수확의 시기라 얻는 것이 많지만, 겨울은 앙상해서 되는 일 없이 힘들다. 이러한 자연의 법칙은 반복되는데 우리네 인생도 이러함을 잊지 말아야 한다. 만약 일이 안 풀리면 내가 지금 겨울의 시기에 있음을 인식하고 차분히 봄을 기다려라. 봄이 지나면 여름과 가을이 찾아와 풍성한 수확을 기대할 수 있다. 반면 내 인생이 너무 잘 풀린다면 곧 다가올 겨울을 준비하라. 삶, 그리 낙담할 게 아니다.

6장

스마트폰,
이용할 것인가?
이용당할 것인가?

이솝우화와 담뱃갑 경고 그림

이솝우화 '해와 바람' 편을 보면 해와 바람이 자기가 더 힘이 세다고 옥신각신하다가 내기를 하는 장면이 나온다. 나그네의 외투를 벗기는 내기인데 먼저 바람이 나선다. 바람이 호기롭게 입김을 불자 나그네의 옷이 바람에 펄렁이고 목도리가 날아갈 듯이 나풀대기 시작했다. 그러자 나그네는 우쭐대는 바람을 비웃듯이 몸을 웅크리며 외투 깃을 꽉 잡았다. 화가 난 바람이 더욱 세차게 입김을 불자 그럴수록 나그네는 더욱 꼭꼭 옷을 여미며 몸을 감쌌다. 보기 좋게 실패한 것이다. 이윽고 해가 나섰다. 빙그레 미소 짓던 해가 부드러운 햇살을 뿌리자 나그네는 땀을 닦기 시작하고, 계속해서 따사로운 햇살을 뿌리자 나그네는 걸음을 멈춘 뒤 외투를 벗고 심지어 속옷까지도 훌훌 벗었다. 부드러움이 강함을 이기고, 자율이 통제보다 우위에 있다는 교훈을 전하는 메시지다.

최근 많은 나라에서 금연을 위해 담뱃갑에 혐오스러운 경고 그림을 부착하는 충격요법을 쓰고 있다. 우리나라도 2016년 12월 23일부터 의무화되었다. 그런데 과연 효과는 얼마나 있을까? 머릿속에 맴도는 의문을 해소해 주는 재미있는 실험이 외국에서 이루어졌다. 美 미시간주립대 연구팀에서 18~39세 흡연자를 두 그룹으로 나누어 한쪽에는 소중한 추억에 대한 향수를 내레이션과 함께 영상으로 보여 주고, 나머지 그룹에는 그렇지 않은 영상을 보여 줬다. 실험 결과 향수를 일으키는 영상을 본 흡연자 집단은 그렇지 않은 집단에 비해 담배에 대한 부정적 감정이 커졌고, 끊으려는 의지도 확고해졌다. 소중한 기억이라는 긍정적 힘이 건강한 태도와 행동을 끌어낸 것이다.

아마도 "그래! 내가 옛날에는 안 그랬는데, 어린 시절 나의 소중한 추억을 되새기고 순수한 모습으로 돌아가려면 담배부터 끊어야겠다."라고 실험자가 생각하지 않았을까? 이 실험을 주도한 후세인 박사는 "흡연자들은 담뱃갑에 붙은 충격적 사진에 거의 영향을 받지 않는다. 효과적인 금연정책을 펴려면 공포감을 주는 요법보다는 소중한 기억을 상기시키는 등 건강한 태도를 함양하는 방법을 써야 할 것"이라고 주장했다. 적어도 현재 담배를 피우고 있는 사람에게는 큰 효과가 없다는 소리다.

이를 뒷받침하는 것이 경고 그림 부착 의무화 이후 금연클리닉 등록은 2배로 늘어났지만, 판매량은 그다지 줄지 않았다는 사실이다. 물론 객관적인 수치가 다소 감소하긴 했다. 그러나 그것이 꼭 경고 그림 때문이라고 단정할 수는 없다. 어차피 전 세계적으로 흡연 인구가 감소 추세에 있으며, 개인별 금연을 하는 동기도 사실 복합적이기 때문이다. 실제로

2019년도 민간 흡연동호회 자체 조사에서 흡연자의 85%가 "경고 그림은 흡연에 영향을 주지 않는다."라고 응답한 바 있고, 보건복지부와 서울대 산학협력단이 수행한 '국민건강영양조사 기반의 흡연자 패널 4차 추적 조사실시 및 심층분석보고서'에 의하더라도 흡연자의 78.8%가 효과가 없다고 응답한 조사 결과가 있다. (다만 경고 그림이 비흡연자에 미치는 예방효과는 성인 81.6%, 청소년 77.5%로 높게 나타났는데, 이것 역시 다양한 관점에서의 분석이 필요하고, 흡연자에 대한 효과를 다루는 본 주제와는 관련이 없어 별도의 논의는 생략함.)

이는 담배 자체의 중독성이 강해 경고 그림이 일시적인 효과는 있을지언정 그런 그림 하나 본다고 바로 금연의 길로 가기가 어렵고, 충격적 요법만으로 인간의 마음을 바꾸기 어려움을 방증하는 것이다. 오히려 흡연권, 행복추구권이라는 흡연자에 대한 인권침해 소지만 생기고, 중간에 끼어 있는 판매원도 덜 혐오스러운 담배를 찾는 흡연자와의 실랑이로 곤혹스럽다고 한다. 결국, 흡연자는 나쁜 기분을 달래면서 그냥 담배를 피우든지 아니면 그림을 가리기 위해 담뱃갑에 스티커를 붙이거나 담뱃갑 케이스를 찾는 형태 중의 하나를 보이게 된다. 한 인터넷 쇼핑몰의 경우 제도 시행 이후 2개월간 담뱃갑 케이스 판매량이 전년 같은 기간에 비해 15배 상승했다고 한다. 금연정책이 성공하기는커녕 업체 장사만 시킨 꼴이다. 이후 경고 그림 효과를 계속 유지하기 위하여 보건복지부 주도로 2018년도에 그림을 전면적으로 교체한 바 있고, 2019년에는 2020년 12월 시행을 목표로 경고 그림과 문구의 표기면적을 현행 50%에서 75%까지 확대하는 것을 포함한 '국민건강증진법 시행령'을 일부개정한 바 있다. 이번에는 금연정책이 성공할까? 두고 볼 일이지만 충격요법이나 통제가 자율을 이길 순 없는 법이다.

통제 vs 자율

동기부여 용어에 X이론/Y이론이 있다. 미국의 심리학자 D. 맥그레거가 제창한 것으로 인간의 본성에 대해 경영자가 보는 관점에 관한 이론이다. 맥그레거는 기존의 수동적 노동자 가설인 'X이론'은 명령·통제에 관한 전통적 견해로 이러한 관점으로는 조직의 목표 달성을 위해 구성원을 결집시키기 어렵다고 하면서, 그 대안으로 자아실현 욕구를 가진 능동적인 노동자 가설인 'Y이론'을 주장했다.

X이론/Y이론을 조금 더 살펴보면 먼저 'X이론'은 인간은 본래 노동을 싫어하고 경제적인 동기에 의해서만 노동을 하며, 자발적으로 책임을 지기보다는 명령받은 일밖에 실행하지 않기 때문에 엄격한 통제와 감독, 상세한 명령이나 지시, 상벌이 필요하다는 이론이고, 'Y이론'은 인간에게 있어 노동은 오락이나 휴식과 마찬가지로 일에 심신을 바치는 인간의 본성이며, 자아실현의 욕구가 있다는 가설이다. 즉 우리가 일한다

는 것은 단순히 경제적 목적 때문만이 아니라 일을 통해 자신의 가치나 존재의 의미를 발현하기 위한 목적도 있다는 뜻이다. 이와 같은 Y이론은 인간의 행동에 관한 여러 사회과학적 성과를 토대로 한 것인데, 맥그레거는 종업원들이 이러한 사고방식을 가진다면 자발적으로 일할 마음을 가지게 되고, 개개인의 목표와 기업 목표의 결합을 꾀할 수 있으며 능률도 향상시킬 수 있다고 본 것이다.

실제 임창희는 저서 『조직행동』에서 "맥그레거는 모든 인간은 Y형으로서 스스로 자기를 통제할 줄 알며 그렇게 게으르거나 책임을 회피하려고만 하지 않기 때문에 생산 중심 리더십보다는 인간 중심의 리더십을 추천한다고 했는데, 이러한 그의 견해가 1960~1970년대 '인간 중심의 경영'이라는 새로운 트렌드를 창조했고, 최근 연구에서도 인간 중심의 리더십이 직원의 직무만족도와 리더십 유효성에 있어 더 큰 영향을 미치는 것을 입증한 바 있다."라고 강조한 바 있다.

물론 맥그레거가 주장하는 Y이론은 학문적으로 반대 논리가 있고, 실무에서도 일부 기업의 실제 경영사례에 기반한 반박처럼 논란의 여지가 많이 있다. 실제 X이론을 통제, Y이론을 자율로 본다면 '통제와 자율'은 장단점이 있기 마련이다. 따라서 이러한 장단점을 잘 따져 개개의 조직이나 개인에 적용할 필요가 있겠다. 그런데 이러한 장단점은 인간의 본성 문제를 다루기에 앞서 '성숙도'가 주요 변인이 됨을 유의해야 한다. 만일 조직과 구성원의 성숙도는 매우 높은데 상급자가 시시콜콜 간섭하고 성과를 재촉한다면 근무의욕이 떨어지고 소극적으로 변하기 쉽다. 반대로 성숙도가 낮은 조직과 구성원임에도 자율에만 맡기면 뭘 해야 할지 몰라 우왕좌왕하거나 비생산적인 업무 수행으로 효율성이 떨어진다. 따라서 리더는 조직과 구성원의 특성을 먼저 살펴본 후 적용에 있어 조화를 추구해야 함이 타당해 보인다.

그런데도 필자는 X이론과 Y이론의 조화도 중요하지만, 기본적으로 높은 수준의 상상력과 창의력을 발휘해 조직 문제를 해결하는 능력은 일부의 전유물이 아니라 대다수 인간이 고루 가지고 있으며, 구성원들의 지적 잠재력은 자율에 입각한 자유의지에서 비롯된다는 믿음을 가지고 있어 'Y이론'을 지지한다. 후술하겠지만 개인적으로도 조직을 이끌면서 놀라운 성과를 창출한 경우는 대개 자율을 기반으로 할 때였기 때문이다.

인구가 1,500만여 명으로 전 세계 인구의 0.2% 남짓에 불과한데도 25%가 넘는 역대 노벨상 수상, 미국 유명대학 교수진의 30%, 뉴턴과 아인슈타인, 미국 투자은행 골드만삭스의 역대 CEO, 애플의 창시자 스티브 잡스, 페이스북의 마크 저커버그, 영화감독 스티븐 스필버그에 이르기까지 수많은 사람에게 영향력을 행사한 인물이 탄생했고, 오늘날에도 정치, 경제, 사회, 문화 등 다양한 영역에서 세계를 리드하고 있는 민족, 바로 유대인이다. 잠시 유대인 얘기를 해 볼까 한다.

유대인들은 독특한 교육 시스템을 가졌다. 우선 그들은 탈무드를 공부한다. 『탈무드』는 우리가 흔히 알고 있는 단순한 우화나 명언 모음집이 아니라 유대인들을 수천 년 동안 지탱하게 해 준 생활규범이자 실용서로써 유대인들의 정신적·신앙적 지주가 되는 책이다. 탈무드는 본문인 '미시나'와 주석서인 '게마라', 해설이 수록된 '라쉬' 등으로 구성되어 있는데 내용도 방대할 뿐 아니라 각종 이슈에 대한 질문과 해설이 상세히 기록되어 있어 교육자료로 쓰기에도 안성맞춤이다. 유대인들은 어릴 적부터 이 책을 바탕으로 질문하는 법을 배우고 하나가 아닌 다양한 생각과 논리를 익히게 된다. 즉 특정 문제에 대해 숙고하는 습관을 기르고 그것을 지속함으로써 지혜와 총명함을 얻게 되는 것인데, 이 점은 일방의 지식을 강요하고 정답만을 요구하는 우리네 주입식 교육과는 천양지차라 할 수 있다.

또한, 그들에게는 '하브루타'라는 토론 시스템이 있다. 친구, 파트너를 의미하는 '하베르'에서 유래한 하브루타는 짝을 이루어 배운다는 뜻인데 논의를 통해 진리를 찾아가는 일종의 토론식 학습방법이다. 이러한 방법으로 그들은 문제의식과 비판적 사고, 대안을 제시할 수 있는 능력을 얻게 된다. 토론의 목적은 옳고 그름을 따지는 것도, 승자를 가리는 것도 아니다. 오로지 토론을 통해 사고의 폭을 넓고 깊게 하여 지혜를 얻는 것이다. 그런데 더욱 놀라운 점은 유대인에게 있어 이러한 학습은 평생 지속하는 일종의 취미이자 놀이이며 과업으로 생각한다는 사실이다.

요컨대 유대인들은 어릴 때부터 탈무드를 통해 질문하는 법을 배우고, 하브루타를 통해 토론하는 법을 배우며 이러한 학습 과정을 평생 지속한다는 것인데, 이러한 방법이 실제 학업 성취도에서도 효과적이라는 연구 결과가 있다. 미국 행동과학연구소(NTL)에서 발표한 '학습효율 피라미드'(각각의 방식으로 공부한 뒤 24시간 후 머릿속에 남아 있는 공부 내용의 비율)를 보면 수동적 방법인 듣기, 읽기, 보기 등은 5~30% 정도의 평균 기억을 보인 반면, 참여형 학습방법인 집단토의나 서로 설명하기 등은 50~90%의 기억률을 보인 것으로 나타났다. 결론적으로 유대인들은 이러한 과정을 통해 다른 나라에 비해 지능지수가 그리 높은 편이 아님에도 뛰어난 학습능력을 보유하게 되었음을 알 수 있다. 따라서 '학습의 경우도 일방적으로 통제하는 방식보다는 스스로 생각하고 자율적으로 임하는 방식이 훨씬 효과적'임을 추론할 수 있다. 참고로 2003년 '영국 얼스터대학의 심리학 교수 리처드 린'과 '핀란드 헬싱키대학의 타투 반하넨 연구팀'이 전 세계 185개국 국민의 지능지수를 조사한 결과에 의하면, 이스라엘 국민의 IQ는 평균 94로 전체 45위였고, 우리나라는 106으로 전체 2위를 차지했다고 한다.

그렇다면 유대인들은 일에 대해서는 어떻게 생각할까? 탈무드에 이런 구절이 나온다. "사람은 일을 사랑해야 한다. 싫어해서는 안 된다. 모세 오경이 하나님으로부터 우리에게 주어진 서약인 것처럼 일 또한 우리에게 주어진 서약이다." 주지하는 바와 같이 유대인들은 '하나님, 이스라엘, 토라' 세 가지를 기독교의 삼위일체에 비할 정도로 중요시하고 있다. 토라는 유대교 율법서인데, 좁은 의미로는 모세가 저술한 '모세 오경'만을 말하나, 넓게 보면 구전 토라에 해당되는 '탈무드'까지 포함된다. 그런데 이렇게 신성시하는 토라에서 "일을 사랑해야 하고, 일은 우리에게 주어진 서약"이라 강조했으니 이들에게 있어 일이란 단순히 생계유지

수준의 것이 아니다. 그리고 앞서 Y이론과 같은 자아실현의 수단 정도도 아니며, 그것을 훨씬 뛰어넘는 믿음을 근간으로 하는 신앙적 차원의 것이란 것이다. 그러니 어찌 직장에 가서 열정을 다하지 않겠는가? 이들은 3D 직종도 개의치 않고 최선을 다한다. 심지어 랍비마저도 우리나라의 성직자와는 달리 평일 직장 생활을 하고 있다. 놀랍고도 무서울 따름이다.

앞서 소개한 Y이론, 유대인의 교육 시스템 및 직업관, 이 모든 것은 자율을 기초로 하고 있다는 공통점이 있다. 물론 신앙적 차원의 직업관을 자율로 볼 수 있느냐는 의문도 제기되지만, 당장 누가 지시하거나 제재를 가하지 않음에도 불구하고 내면의 강한 동기로 일을 한다는 점에서 자율로 볼 수 있을 것이다. 어쨌든 통제보다 자율이 좀 더 우위에 있다는 것은 분명해 보인다.

청년 DREAM 국군 드림

2019년 4월 1일부터 병영 내 병사들의 스마트폰 사용이 전면적으로 허용되었다. 이에 각급 부대에서는 스마트폰 통제지침을 하달하고, 부작용을 최소화하기 위한 자구책 마련에 나섰다. 그런데 필자는 병사들의 스마트폰 사용이 그 정도로 우려할 사항인가 하는 의문이 든다. 어느 조직이나 일탈자는 있다. 그렇다고 그런 소수의 일탈자 발생이 두려워서 또는 이를 차단한다는 명분으로 건전한 사고와 판단능력이 있는 절대다수의 권리를 외면해서야 되겠는가? 이는 마치 '빈대 잡으려다 초가삼간 다 태우는 격'이라 할 수 있다. 사실 그들은 입대 전부터 장기간 스마트폰을 사용해 왔다. 우리 사회에서 스마트폰은 이미 부정할 수 없는 생활 속의 일부가 되어 버린 것이다. 물론 집단생활을 하는 이들에게 있어 보안이나 도박 문제 등의 취약요소도 있을 수 있겠지만, 그런 논리라면 오히려 출·퇴근을 하고, 어느 정도 독립적 사무공간이 있어 상대적으로 사적 영역이 보장되는 군 간부가 더 취약하다.

어쩌면 사회와 고립된 병사에게 있어 스마트폰은 외부와의 정서적 거리감을 줄여줘서 심리적 안정감을 줄 수 있다. 특히 스마트폰을 이용하여 일과 이후 보고 싶은 사람과 연락을 취하고 궁금한 소식도 전할 수 있어 군무이탈(탈영)이나 자살과 같은 사고예방에도 도움이 되고, 지휘관에게 적시 고충을 이야기하여 순기능의 병영 생활이 유지되는 창구가 될 수 있음도 생각해 볼 필요가 있다.

이렇듯 스마트폰은 소통의 창구가 되고 나아가 양질의 교육 콘텐츠를 통한 학습의 기회도 되며, 휴무일이 무료하다는 이유로 TV를 보거나 잠이나 자는 식의 수동적 휴식이 아니라 창조적 휴식의 수단으로도 활용될 수 있다. 최근 '군 복무 중 자기계발 기회 확대' 차원에서 추진하고 있는 '청년 DREAM 국군 드림'[5](청년들의 꿈을 국군이 이루어 드림) 프로그램을 보면 군에서 청년들의 학업과 창업·취업을 지원하고, 인성/리더십 교육 시스템 구축 등 실효성 있는 정책과 방법으로 인재를 육성하여 사회와 연결하는 역할을 강조하고 있는데, 이를 구현함에서도 스마트폰은 유용한 수단이 될 수 있다. 따라서 몇 가지 우려되는 사항 때문에 삶의 질을 떨어뜨리는 교각살우(矯角殺牛)의 우(愚)를 범해서는 안 될 것이다. 이 점은 작년도 육군참모총장도 스마트폰 사용 관련 3得(소통, 학

---

5) '청년 DREAM 국군 드림'은 군 복무가 사회와 단절된 채 시간만 보내는 '인생의 낭비 기간'이 아니라 청년의 꿈과 희망을 열어주는 기회의 장이 되고, 생산적 복무 자세를 유도하여 '자기계발과 전투력 향상'을 도모하는 국방부 정책으로 다음과 같은 5가지 핵심분야로 구성되어 있다.
D(Developing Competence): 학업연장과 역량을 키워 주는 군
R(Raising Job Opportunities): 창업과 취업의 기회를 높여 주는 군
E(Elevating Character&Leadership): 인성과 리더십을 키워 주는 군
A(Advancing Health&Habit): 건강한 습관을 길러 주는 군
M(Materializing Noble Values): 고귀한 가치를 실현하는 군

습, 창조적 휴식) 3毒(도박, 음란, 보안) 운동을 지시하는 등 독이 되는 요소는 제거하고, 선 기능적 요소는 확산토록 강조한 바 있다.

그렇다면 독이 되는 요소를 차단하기 위해선 어떻게 해야 할까? 『논어』 헌문편에 '이직보원(以直報怨) 이덕보덕(以德報德)'이란 표현이 나온다. "원한을 덕으로 갚아야만 하는가?"라는 물음에 공자는 "공정함으로 원한을 갚고, 덕에는 덕으로 갚아라."라고 말했다. 다소 의외다. "원수를 사랑하라."라는 답변 대신 공정함으로 갚으라고 했으니 말이다. 이는 인(仁)을 악용하는 사람들에게는 직(直)으로 대응하라는 말로 풀이된다. 공자는 자비로웠지만 분명한 원칙은 있었던 것이다.

그렇다! 일부 인원들이 스마트폰 사용의 선 기능을 외면한 채 이를 악용한다면 엄정한 법과 규정으로 단죄하면 된다. 마치 공자가 했던 방법대로 말이다. 또한, 선 기능적 요소를 부대의 문화로 승화시킬 필요가 있는데 이를 위해선 지휘관의 일방적 지시보다는 병 상호 간 '자율 토론'과 '룰' 제정을 통하여 공감대를 형성하는 것이 무엇보다 중요하다. 어렵게 도입한 이 제도가 다시 과거로 환원되지 않도록 독을 제거하려는 장병들의 노력이 절실히 요망된다.

'바람'이라는 통제기구로는 나그네 옷을 벗기지 못하고, '혐오 그림'이란 충격요법만으로 금연 효과를 기대할 수 없다. 유대인들의 지성과 직업관도 일방적이고 획일적인 통제보다는 현상에 대한 진지한 성찰과 토론, 그리고 자율로부터 시작되었다. 따라서 'smart phone이 진정한

smart power'가 되기 위해서는 건전한 이성과 내면의 감성을 바탕으로 毒을 제거하고 得을 활성화하는 자율적인 방법과 인식이 요구된다. "사람의 내면에서 우러나는 책임감과 창의성은 외부로부터의 관리와 통제, 제약의 정도에 반비례한다. 누구나 관리와 통제를 싫어하기 때문에 지나친 상명하달식 압박은 오히려 반작용을 불러오기에 십상이다." 중국 굴지의 호텔 체인 '치텐' 창업회장 정난옌의 이야기다.

인간이면 누구나 가져야 하는 행복추구권, 지식 습득의 기회를 제공받을 권리, 쾌적한 환경에서 질 높은 휴식을 보장받을 권리는 우리 병사들에게도 예외가 될 수 없다. 우려되는 상황은 극복하고, 이를 도약의 발판으로 삼아 보면 어떨까?

#6 '코로나19'에 대한 단상
(eustress로 관리할 것인가? distress에 머물 것인가?)[6]

일상의 소소한 행복을 잊어버리고 산 지도 어느덧 2개월이 넘었다. 4월 4일 정부는 '코로나19' 감염증 확산 방지를 위해 '고강도 사회적 거리 두기'를 2주 연장하여 4월 19일까지 더 하기로 했다. 초·중·고교 개학 시기도 아직 불투명하다. 2작전사령부에서는 아예 '초(超)고강도 사회적 거리 두기'로 용어를 변경하고, 장병들의 휴가·외출 제한은 물론 기존의 강력한 통제지침을 계속 이어 나가고 있다. 정부의 기조에 부응하고 지역사회 감염 확산 방지와 집단생활로 인해 상대적으로 바이러스에 취약한 군의 특성을 고려한다면 응당 해야 할 조치라 여겨진다. 또한, 최근 세계적으로도 코로나19가 확산 추세에 있고 국내 확진자가 계속 발생하기에 그 논리와 명분은 분명해 보인다.

---

6) '코로나19'라는 미증유의 감염병 사태를 맞이하면서 부대 내부적 방호와 외부적 방역지원(민군작전), 그리고 스트레스에 슬기롭게 대처해 나가는 과정을 담은 것으로 작성 시기는 2020년 4월 말경임을 밝혀 둔다.

그러나 이로 인해 발생하고 있는 병영 내 스트레스는 절대 만만치 않다. 특히 초급간부에 있어 출타 금지, 병사들에게 있어서 휴가 제한은 여타의 것에 비해 기회비용이 큰 것이기에 명령이나 지시, 관념적 수사(修辭)만으로는 통제에 어려움이 있다. 사람들은 이성적으로는 아니라고 하면서도 본능적으로 다른 사람과 비교하기를 좋아한다. 타지는 물론이고 같은 권역에 있으면서도 상춘(賞春)을 즐기는 사람들이 엄연히 존재하고 있는 한 이들이 느끼는 상대적 박탈감은 클 수밖에 없다. 이런 맥락에서 통제가 완화될 것이라는 일말의 기대치가 무너진 4월 5일(1차 사회적 거리두기 만료일) 이후, 불만은 가중되고 사고의 우려도 증폭되리라 본다. 그럼 어떻게 관리해야 할까? 지금까지의 방법대로 일탈자에 대한 처벌과 통제에 박차를 가하고 계속해서 희생과 동참, 군인의 사명만을 강조해야 할까? 물론 그것도 필요하겠지만 군은 단체생활을 하고 통제가 민간보다 용이한 만큼 이젠 관점을 바꿔 스트레스에 대해 체계적인 관리를 해 줄 시점이라 생각된다.

'스트레스!' 우리나라 사람들이 많이 사용하는 외래어 1위라는 보도도 있는 만큼 자주 쓰는 단어다. 사전적 의미는 인간이 심리적 혹은 신체적으로 감당하기 어려운 상황에 부닥쳤을 때 느끼는 불안과 위협의 감정을 말하며, '스트레스원(原)'은 이러한 스트레스의 원인을 의미한다. 약간의 스트레스는 신체를 활성화하고 기민한 정신 상태를 유지하도록 도움으로써 오히려 인간을 건강하게 만든다고도 한다. 그러나 지속적이거나 강력한 스트레스는 인간의 신체 능력을 약화하고, 우울과 같은 정서적 고통 상태를 유발할 수 있다. 지금 '코로나19'가 딱 그런 경우다. 우리에게 지속적이면서 강력한 스트레스원이 되고 있으니 말이다.

학계의 연구 결과에 따르면 과도한 스트레스는 소화불량부터 심장질환에 이르기까지 다양한 유형의 질병과 관련이 있다고 한다. 또한, 스트레스는 신체의 면역체계를 약화할 수 있는데 이러한 면역체계의 약화는 감기와 독감과 같은 질병에 취약하고, 암과 같은 만성질환의 발생 위험도 증가시킨다고 한다. 여기서 주목해야 할 것은 스트레스를 받게 되면 독감에 쉽게 걸린다는 점이다. 상호 상관관계가 있다는 소리인데, 그렇다면 아직 의학적 규명은 되지 않았지만 독감처럼 바이러스에 의해 감염되는 '코로나19' 역시 스트레스와 관련되어 있을 개연성이 크다. 즉 스트레스 관리를 해야 하는 첫 번째 이유는 피로나 두통 등 신체적 증상 해소의 목적도 있지만, 면역력 저하로 인한 장병들의 신체적 감염을 예방하기 위함이다.

또 다른 이유로는 정서적 안정을 취하기 위함인데 아무래도 스트레스를 자주, 많이 받다 보면 설사 질병에 걸리지 않더라도 화가 치밀고 짜증이 많이 난다. 나아가 자신의 처지를 비하하고 우울감도 생기며 이런 것이 원인이 되어 과도한 음주나 폭행, 군무이탈, 심지어 사소한 촉발요인을 이유로 자살에까지 이를 수 있다. 앞서 누차 설명했지만, 인지심리학자 앨리스는 "인간은 비합리적으로 생각하고 자신에게 해를 끼치려는 선천적 경향성이 있다."라고 했다. 이는 인간에게는 '자기파괴(self-sabotaging)' 본능이 존재한다는 의미로 스트레스의 위험성을 잘 대변하는 표현이라 하겠다. 즉 개인적 측면도 있지만 사고예방을 위한 것이기도 하다. 그럼 스트레스 관리는 어떻게 해야 할까? 약물치료 등 의학적 접근이 가장 빠른 방법이겠지만 치료를 매번 할 순 없고 시간과 비용 문제, 부작용 등 현실적인 제한도 따르기 때문에 여기선 심리적 접근방법으로 그 해법을 찾아보고자 한다.

첫째, 인간이 지닌 대처양식 차원의 접근법이다. 사람들이 스트레스에 직면했을 때 보이게 되는 양상은 대개 '정서 중심'이나 '문제 중심'으로 대처하는 모습으로 나타난다. '정서 중심' 대처는 현재 상황을 피하고 '부인(denial)'이나 '회피(avoidance)'처럼 방어기제를 동원, 자기를 합리화시켜 스트레스 요인을 즉각적으로 줄이려는 행동을 말한다. 이런 부류의 사람들은 문제의 핵심을 외면하고, 주변에 불평이나 험담을 하거나 음주나 운동 등으로 사태를 해결하려고 한다. 그러나 이러한 방법은 약간의 도움은 될지언정 본질이 바뀌지 않았기 때문에 스트레스는 계속 남을 수밖에 없다.

반면, '문제 중심' 대처는 상황을 피하지 않고 문제해결을 위해 정면 돌파하는 행동을 말한다. 이런 사람들은 자신이 직면한 스트레스를 면밀히 검토한 뒤 그것을 반전시킬 어떠한 행동을 하거나 스트레스가 자신에게 덜 해롭게 작용할 수 있도록 반응을 수정하는데, 여기서 주목할 점은 정면 돌파 행위 그 자체만으로 이미 내면의 스트레스를 감소시킨다는 것이다. 즉 출타를 못 하는 상황에 대해 불평만 늘어놓는 것은 실제 아무런 도움이 되지 않으니 차라리 방역을 직접 지원하든지 해서 이런 상황을 조기에 종식시킬 방법을 찾는다는 것으로, 이것이 설령 '코로나

19'를 줄이는 데 큰 도움이 되지 않을지라도 그런 행위만으로도 스트레스를 덜 받게 되니 보다 현명한 처사라 하겠다.

둘째, 자아효능감을 높여야 한다. '반두라'의 이론인 자아효능감은 자신감과 의미가 비슷하다. 높은 자아효능감은 직면하는 과제에 효율적으로 대처하고 어떤 행동을 능숙하게 수행하며, 삶에 긍정적 변화를 만드는 능력이 높음을 뜻한다. 만일 효과적으로 대처하는 자신의 능력에 자신감이 있다면 질병을 비롯한 모든 스트레스를 잘 관리할 수 있다. 또한, 자아효능감이 높은 사람은 스트레스 상황에 압박을 느끼는 것이 아니라 오히려 더 나은 삶을 살아가도록 하는 기회가 왔다고 생각하고 "I can do everything!"을 외치며 이를 도전적으로 받아들인다. 마치 운명을 수용하고, 새로운 미래를 개척하는 '아모르 파티(Amor Fati)'처럼 말이다.

셋째, 낙관주의다. '제까짓 게 1년이 가겠어? 2년이 가겠어? 언젠가는 끝나겠지!'라는 사고, '차라리 잘됐네! 외부에 못 나가니 그간 소홀했던 독서나 하고 실내에서 할 수 있는 취미 생활도 좀 해야겠다. 돈도 절약하고 좋잖아.'라는 긍정적 생각은 분명 불행에서 벗어나 삶을 더 풍성하게 만들고 스트레스에 대처하는 효과적인 방법이 된다. 짜증을 부리면 '코로나19'에 두 번 당하는 결과가 초래됨을 잊지 말아야 한다.

마지막으로 적절한 이벤트 등을 통해 장병들의 관심을 돌리는 지혜가 필요하다. 앞서 3가지가 개인적 차원이었다면 이것은 부대적 차원의 영역이다. 사단 군사경찰대에서는 현재 코로나 19를 주제로 하여 분대 단위 '봄맞이 사진 콘테스트'와 '헌우도원(주둔지 내 조성한 공원) 꽃밭 가꾸기' 경연대회를 열고 있다. 꽃이라는 것이 본래 정서적으로 안정을 주는 것이기도 하지만, 꽃은 곧 희망을 상징하기에 언젠간 혼란을 극복하고 일상을 회복하리라는 기대를 심어 주려는 목적이다. 하지만 근본 이유는 장병들에게 30여 일간 예쁜 꽃밭 가꾸기에 집중하게 해서 화기애애한 부대 분위기를 조성하고, 관심과 욕구를 발산하여 '코로나19'라는 스트레스원을 제거하기 위함이다. 프로이트 방어기제 중 '승화'를 활용한 셈인데, 꽃밭심사 날이 곧 코로나 상황이 종식되는 날이 될 것이라는 즐거운 상상도 해 본다.

디스트레스(distress)는 신체적·정신적 고통 등 부정적 영향을 주는 스트레스를 말하고, 유스트레스(eustress)는 향후 자신의 삶에 긍정적으로 작용하는 스트레스를 말한다. distress로 자신을 파괴하며 고통스럽게 살 것인가? eustress로 오히려 자신의 숨은 능력을 발견하고 삶을 관리하며 살아갈 것인가? 선택은 당신에게 달려 있다.

7장

매슬로(maslow),
軍 인권을 말하다

어린 왕자의 후회

생텍쥐페리의 소설 '어린 왕자'는 어느 사막 한가운데에 불시착한 조종사가 어린 왕자를 만나 왕자의 이야기를 듣는 이야기다. 분량이 많지 않고 동화 같은 이야기 전개로 읽기에 부담도 적지만, 그 속에는 제법 교훈적인 내용이 많이 포함되어 있다. 이 중 필자가 눈여겨본 대목은 어린 왕자가 여우를 만나 대화를 나누는 부분으로, 내용이 자못 흥미롭다.

자신이 사는 작은 별에서 장미꽃을 두고 지구에 온 어린 왕자는 외로움을 이기지 못해 친구를 찾게 된다. 사막을 가로질러 보기도 하고, 높은 산 위에 올라가서 사람을 찾기도 한다. 그러던 중 여우를 만나게 되는데, 이내 어린 왕자는 친구가 되어 달라고 부탁한다. 여우는 대답한다. "친구를 갖고 싶다면 나를 길들여 줘! 그런데 늘 같은 시간에 오는 게 좋을 거야. 가령 네가 늘 오후 네 시에 온다면 나는 세 시부터 행복해지기 시작할 거니까……" 이런 식으로 어린 왕자는 여우를 길들이게 되는데 이윽고 떠날 시간이 가까워지자 여우는 다시 말한다. "잘 보려면 마음으로 보아야 해. 가장 중요한 것은 눈에는 보이지 않는단다. 네 장미꽃을 위해 네가 보낸 시간 때문에 장미꽃이 그렇게 소중해진 거야." 어린 왕자는 여우 덕분에 자신의 별에 두고 온 천덕꾸러기 장미가 없어선 안 될 소중한 존재였음을 뒤늦게 깨닫는다. 그리고 며칠 뒤 만난 조종사에게 읊조리듯 이야기한다. "중요한 것은 눈에 보이지 않는 거야. 꽃도 마찬가지야. 어떤 별에 있는 꽃을 좋아하면 밤에 하늘을 쳐다보는 게 참 행복할 거야. 어느 별이나 꽃이 피어 있을 테니까……" 여우는 어린 왕자에게 많은 가르침을 주었다. 어찌 보면 우리 인간은 소설 속에 등장하는 여우만도 못한 듯하다. 항상 내 곁에 있기에 영원할 것이라 착각하여 소중함보다는 투정의 대상으로만 보려는 생각, 바로 우리 가족, 친구, 동료 얘기다.

'귀이천목(貴耳賤目)', 귀를 귀하게 여기고, 눈을 천하게 여긴다. 중국 한(漢)나라 유학자 환담이 '자신이 경험하지 못한 먼 곳에 있는 것은 대단하게 여기고, 정작 가까이 보고 있는 것은 하찮게 여기는' 당시 풍조를 비판한 글이다. 사실 이러한 현상은 오늘날도 마찬가지다. 내 것보다는 남의 것이 귀해 보이고, 특별할 게 없는 외부 의견에 대해서는 민감하게 반응하면서 정작 내부의 건실한 건의나 충고는 무시해 버리는 것, 집토끼보다는 산토끼가 좋아 보인다는 딱 그런 형태다. 최근 모 투자자문회사 광고 문구가 생각난다. "최고가 앞에 있는데, 왜 딴 데 가서 전문가를 찾으세요?" 의미심장한 이야기다. 하기야 예수님도 고향인 나자렛에서는 푸대접을 받지 않았던가? 정녕 우리는 무엇이 귀하고 소중한 것인지 잃어봐야만 알게 되는 것일까?

국방의 의무를 다하고자 푸르른 청춘에 군에 입대한 병사들, 그리고 숱한 직업군 속에서도 우월한 직업적 가치와 매력을 느끼고 군인의 길을 택한 간부들. 그들에게 있어 동료란 과연 어떠한 의미일까? 통제나 관리, 경쟁의 대상인가? 아니면 서로의 참된 가치를 나누고 상생을 추구하는 나의 동반자일까? 냉정하게 생각해 볼 만하다. 만일 하루 중 대부분 시간을 함께 보내고 있는 이들이 나에게 피로감을 주고 나의 삶을 옭아매는 상대 정도로만 여긴다면 그런 삶은 참으로 삭막하고 피폐할 것이다. 사실 이들은 당신에게 피해만을 안겨다 주는 존재가 아니다. 또한, 언제나 당신과 함께 있는 존재 역시 아니다. 따라서 타인의 가치를 존중하고 배려를 하는 것은 역으로 당신에게 행복을 가져다주는 길이 됨을 인식할 필요가 있다. 모든 것은 마음먹기에 달린 것이다. 누군가 "아무리 쉬운 일도 극복의 대상이라 생각하면 쉽지 않은 일이 되고, 아무리 어려운 일도 성취의 대상으로 여기면 어렵지 않은 일이 된다."라는 말을 했다. 같은 상황, 같은 일이라면 보다 긍정적으로 생각하고 실패보다 가능성을 바라보며 동반자와 함께 방법을 찾아야 한다. 그렇지 않다면 귀찮다며 친구인 장미꽃을 버리고 지구에 와서 후회하는 어린 왕자의 경우와 별반 다를 바 없다.

삶을 풍요롭게 하는 수단과 방법은 사실 여러 가지가 있다. 그런데 그 수단과 방법을 정하는 기준 위에 어떠한 형태든 그 사람만의 가치가 있다. 가치는 사고와 행동을 결정하는 방향성이다. 그런데 삶을 살아가다 보면 때로는 두세 가지의 가치가 충돌하여 의사결정이 어렵게 되거나 딜레마에 빠지는 경우가 발생한다. 예컨대 불량식품을 판매한다면 이윤과 윤리적 양심 간에 가치가 충돌할 것이고, 뇌물을 받는다면 금전적 이익과 명예, 도덕심과의 갈등이 생길 것이다. 이 경우 다수 가치 중 우선시되는 가치를 정하는 기준이 필요한데 그것이 바로 '핵심가치'이자 '근원적 가치'가 된다.

그렇다면 24시간 병영 생활을 하는 병사에게 있어서는 어떤 핵심가치가 필요할까? 여럿 있을 수 있겠지만 그중 대표적인 가치가 '인권적 가치'다. 인권적 가치는 여타 가치의 전제가 되고 우선시되는 가치다. 특히나 통제된 생활을 하는 병사에게 있어서는 더더욱 그렇다. 따라서 병사들에게 그저 잘 먹이고, 잘 재우고, 잘 입히면 그만인 것이 아니다. 제한된 환경이나마 현재의 삶보다 더욱 윤택하고, 삶의 질을 향상시킬 수 있는 가치를 찾아야 한다. 그것은 결국 전투력으로도 이어진다. 그리고 멀리서 어렵게 구하려 애쓰지 말고, 가까이 있는 우리가 먼저 나서서 찾아볼 필요가 있다. 그게 더 쉽고 빠른 길이 아닐까? 귀이천목(貴耳賤目)의 우(愚)를 더는 범해서는 안 될 것이다.

장병 인권과 삶의 가치에 대해 고심을 하던 어느 날 '인간의 이해와 성장, 존엄성'에 중점을 둔 인본주의 심리학 이야기가 눈에 들어왔다. 그간 고심해 왔던 주제와 맥을 함께함은 물론 외부의 큰 도움 없이도 우리 스스로 주도할 수 있고, 공감대만 형성되면 확산도 가능하다는 생각이 들었다. 즉 병영 내 인권문제 해결의 실마리가 될 수 있다는 소리다. 인본주의 심리학의 창시자이자 정신적 지주인 '매슬로' 이야기다.

매슬로와 인본주의

매슬로(maslow). 러시아에서 이주한 교육받지 못한 유대인 부모의 자녀로 미국 뉴욕에서 출생했다. 동네에서 유일한 유대인으로 심한 고립감과 외로움을 느끼며 성장했다. 아버지를 좋아하긴 했지만 두려워했고 어머니를 미워했다. 한마디로 그의 어린 시절은 매우 불우했다고 할 수 있다. 후술하겠지만 매슬로가 '안전'과 '소속과 사랑의 욕구'를 욕구 5단계 위계의 일부로 삼은 것은 이러한 성장 환경과 관련이 있어 보인다. 20세 때 위스콘신에서 결혼했는데 이것이 매슬로에게 소속감과 학자로서의 방향을 제공하는 전환점이 되었다. 매슬로가 처음부터 인본주의 사상을 가진 것은 아니었다. 처음에는 왓슨의 영향을 받은 행동주의 심리학자였다. 하지만 나치의 위협을 피해 미국으로 건너온 프롬, 아들러와 인류학자 베네딕트와의 활발한 지적(知的) 교류, 제2차 세계대전의 경험 그리고 첫딸의 출생을 통해 기존 행동주의 심리학의 한계를 느끼고, 이후 인간의 높은 이상과 잠재력을 다루는 인본주의에 푹 빠지게 된다.

당시 매슬로의 주장은 파격적이었다. 그는 과거의 심리학자들이 인간의 어두운 면을 부각시켜 개념화하고, 건강하고 창의적인 보통 사람들보다는 환자나 정신장애자 위주의 연구를 하고 있다고 비난했다. 그 연장선으로 현대 심리학의 거장 프로이트의 '인간은 비합리적인 존재이며, 성욕과 과거의 경험에 지배되는 수동적인 존재'라는 결정론적 입장을 반박했고, 인간의 가치관과 창조성 등을 간과하여 인간을 기계적으로 대하는 행동주의의 입장도 강하게 비판하였다.

매슬로는 스스로 미국의 제3의 심리학(제1심리학: 정신분석학, 제2심리학: 행동주의)이라 칭하고, 인간의 어두운 면은 인정하나 좋은 면을 연구하는 것에 더 큰 관심을 가졌다. 매슬로는 말한다. "악, 파괴, 폭력적 요소는 인간의 내적 부패 때문이 아니라 좋지 않은 '환경'에서 비롯된 것이다. 따라서 파괴성과 난폭성은 원래 인간에게 있는 것이 아니며, 인간이 가진 선한 내적 본성이 왜곡되거나 좌절될 때 파괴적으로 되는 것이다. 인간은 건강한 성장 과정을 통해서 실재가 되는 '가능성을 소유'한 존재다." 매슬로의 인간관을 엿볼 수 있는 대목이다.

한편, 매슬로는 인간이 행동하는 모든 동기를 '욕구'에서 찾았다. 욕구는 일종의 본능과도 같은 것으로 누구나 선천적으로 타고났다고 이야기한다. 그러나 이러한 욕구를 충족시키기 위한 인간의 행동은 선천적인 것이 아니며, 학습에 의한 것임을 분명히 했다. 즉 '욕구는 선천적이나, 행동은 학습에 의한 것'이기에 행동은 학습의 정도에 따라 사람마다 큰 차이가 있다는 주장이다.

욕구 5단계와 병영 문화

일찍이 매슬로는 인간의 욕구를 5단계 위계(位階)로 설명했다. 특별히 '욕구'를 위계로 설명한 것은, 앞서 얘기한 바와 같이 욕구가 인간이 행동하는 동기의 원천으로 보았기 때문이다. 어쨌든 이러한 욕구는 하위 욕구인 생리적 욕구로부터 안전 욕구, 소속과 사랑의 욕구, 자존감 욕구, 자아실현순으로 올라간다. 매슬로는 하위에 있을수록 욕구의 강도가 강력하고 우선적이며, 하위 욕구가 일정 부분 충족되어야 다음 단계 상위 욕구 출현이 가능하다고 보았다.

그러나 매슬로는 동시에 두 가지 이상의 욕구가 출현할 수 없고, 사회의 가치 변화와 무관하게 욕구 단계는 바뀔 수 없으며, 최상위 욕구인 자아실현은 인생 중반에 소수의 인원만 도달할 수 있다고 함으로써 학계로부터 일부 비판을 받기도 한다. 그럼에도 불구하고 매슬로의 5단계 위계는 오늘날에도 꽤 높은 타당성과 설득력을 얻고 있어 심리학이나 경영학, 교육학, 사회복지학 등 많은 분야에서 호응을 얻고 있다. 개인적 생각으로는 일부 논란의 여지는 있지만 5단계 위계는 인간의 심리, 특성을 잘 반영했고, 일정 부분 사회적 트렌드도 예측할 수 있는 등 활용 여하와 응용 방법에 따라 매우 유용한 이론이라 생각한다. 그런 관점에서 욕구 5단계를 병영 문화 속 인권과 결부시켜 보았다. 흥미롭기도 하거니와 의외로 군 인권의 지향점도 엿볼 수 있었다.

먼저 생리적 욕구는 모든 욕구 중에서 가장 강력한 것으로 인간의 생존과 유지에 관련된 것이다. 식욕, 수면욕, 성욕과 같은 것인데 의식주가 대표적이다. 만일 생리적 욕구가 충족되지 못한다면 다음 단계의 욕구들은 완벽하게 차단될 수 있고, 생존이 관심사일 경우에는 생리적 욕구가 무엇보다도 중요하다. 일부 반론의 여지는 있지만, 군대가 창설된 이래 의식주와 관련하여 꾸준한 관심을 가졌고, 특히 최근 급식이나 주거 여건 면에서 괄목한 성과를 보인 만큼 병영 내 생리적 욕구는 어느 정도 해결이 된 듯하다.

두 번째, 안전의 욕구는 신체적·정서적 위협으로부터 안전하게 보호받고자 하는 욕구다. 안전의 욕구 만족을 위해서는 안정성, 보호, 질서 그리고 공포와 불안으로부터의 자유가 요구되는데 여기서 핵심은 '예측 가능성'이다. 이를 병영 생활에 접목해 보자. 전시라 하면 당연히 여러 위협 인자가 존재할 수밖에 없겠지만, 적어도 평시에는 부대 내 시스템이나 여타 환경상의 이유로 안전을 위협받는 경우는 거의 사라졌다. 과거처럼 개인의 잘못에 대해 연대책임을 묻거나 예기치 않은 폭행이나 가혹행위를 당하는 경우 역시 현저히 줄었다. 물론 앞서 4장에서 소개한 심리학자 댄 애리얼리(Dan Ariely)의 '조건부 선인(善人)' 이론과 같이 소수의 예외는 존재하고, 개별적이거나 우발적인 사건·사고 역시 여전히 발생하고는 있다. 하지만 개인의 고충을 해소하는 창구가 다양해지고 각종 훈련이나 부대활동 간 시행되는 위험예지훈련, 안전에 대한 범정부적 관심 등으로 병영 내 안정성과 예측 가능성, 그리고 안전성이 커졌고 실제 상당 부분 개선도 되었다.

그렇다면 소속감과 사랑의 욕구는 어떨까? 이것은 기본적으로 인간은 타인과 친밀한 관계를 맺고 소속되기를 바란다는 것을 전제로 어떤 집단에 소속되어 상응한 역할수행을 하고, 다른 사람으로부터 사랑을 받거나 사랑하고자 하는 욕구를 의미한다. 먼저 소속감과 관련하여 생각해 보면 인간은 기본적으로 사회적 동물로서 혼자 살아가기는 힘들다. 그래서 인간은 오프라인은 물론 밴드나 페이스북과 같이 온라인에서도 각종 사회적 관계를 이어 가려고 노력하는 것이다. 오죽했으면 타인과 떨어지는 것을 두려워하는 '고립증후군'이란 말도 생겨났겠는가? 또한, 우리가 무심코 사용하는 '우리'라는 표현이나 혈연·학연·지연을 중요시 여기는 현상 역시 사회적 관계를 이어 나가려는 이러한 심리적 기제에서 출발한 것이라 볼 수 있다. 따라서 병영 내 애대심(愛隊心), 전우애(戰友愛) 등 소속감 고취를 위한 각종 노력도 이제는 전투력 발휘란 측면 외에 개인의 욕구 충족 관점에서 관심을 가져 볼 필요가 있다.

사랑의 욕구는 두말할 나위 없이 중요하다. 매슬로와 같은 인본주의 심리학자 '칼 로저스'의 경우 사랑의 욕구를 자아실현의 욕구보다 더 중요하게 생각했을 정도다. 심지어 로저스는 "부모는 언제든 아이들이 자신의 행동과 상관없이 사랑받을 만하다는 사실을 보여 주고 확인시켜 주어야 하는데, 이때 '무조건적 긍정적 존중'을 제공해야 아이 관점에서 긍정적인 자아개념을 발달시켜 나갈 수 있다."라고 주장하기도 했다. '당신은 사랑받기 위해 태어난 사람'이란 노랫말도 어쩌면 이 같은 사랑의 욕구를 대변하는 것이 아닌가 하는 생각이 든다. 그런데 매슬로의 사랑 욕구를 유심히 살펴보면 사랑을 주는 것도 포함된다. 받는 것이야 응당 이해가 되는데, 주는 것이 왜 중요한 욕구가 될까? 그것은 앞서 설명한 바와 같이 매슬로는 인간이 본래 선하며 최소한 중립적 속성을 지니고 있다는 성선설, 인본주의적 견해를 보이기 때문으로 다른 사람의 성장을 위한 사랑을 인간의 욕구로 본 것이다. 예컨대 부모가 자식을 사랑하는 것이 자식에 대한 배려 때문이라기보다 이를 통해 부모가 오히려 행복을 느끼게 되는 인간의 근원적 욕구 중 하나란 것이다. 참으로 놀라운 분석이 아닐 수 없다. 이를 '성장사랑'이라고 하는데, 오늘날 행복, 몰입, 성공, 지혜 등과 같은 인간의 주관적 가치를 강조하는 '긍정심리학'의 기초가 되기도 하였다.

그런데도 누군가 의도적으로 혹은 무심코 내뱉는 냉소 한마디나 험담으로 인해 타인에게 상처를 줘서 마음의 문을 닫게 하고, '소속감'과 '사랑'의 욕구를 사그라뜨린다면 어떻게 될까? 법률적·도덕적 차원은 차치하고 매슬로의 위계설만 놓고 보더라도 그 사람은 이미 죄를 지은 것이다. 그러나 안타깝게도 이런 사람들을 우리 주변에서 흔히 찾아볼 수 있다. "오늘 누군가에게 무심코 건넨 친절한 말을, 당신은 내일이면 잊어버릴지도 모른다. 하지만 그 말을 들은 사람은 일생 동안 그것을 소중하게 기억할 것이다." 데일 카네기의 이야기다. 인간은 본래 건강한 성장 가능성을 소유한 존재다. 그러기에 이러한 '인간의 본성을 좌절시키거나 방해하는 것을 매슬로는 악(惡)'으로 본 것이다. 참으로 멋진 해석이 아닐 수 없다. 사랑은 선언적 수사(宣言的 修辭)가 아니라, 인간의 기본적 욕구인 것이다.

네 번째 자존감의 욕구는 자아존중과 타인으로부터 존경을 받고자 하는 욕구이다. 즉 누군가가 자신을 칭찬해 주고 사람들로부터 인정받고 싶어 하는 욕구로서 자신의 평판과 이미지에 관련된 것이다. 때에 따라 다르겠지만 통상적으로 상을 받으면 기분이 좋아지는 것은 이렇듯 사회나 조직으로부터 인정을 받았다는 느낌이 한몫하기 때문이다. 우리는 때때로 한평생 축적한 재산을 선뜻 사회단체에 기부하는 사람을 언론을 통해 보곤 한다. 그런데 사실 이런 것도 자존감을 유지하면서 다른 사람으로부터 인정과 존경을 받고 싶은 욕구가 기저에 깔린 것은 아닐까? 하는 생각이 든다. 따라서 업무 지도나 기강 확립의 명목으로 자존감을 떨어뜨리는 언행을 해서 부하들을 무력하게 만들어서는 안 된다. 이는 타인에 대한 인격살인이 됨은 물론, 상위 위계인 4단계 욕구를 침해한 것이 되기 때문이기도 하다.

다섯 번째, 욕구의 최종 단계인 자아실현은 자신의 잠재력을 최대한 발휘하여 가치 있는 삶을 누리고자 하는 욕구다. 사람들은 때때로 타인에게 인정을 받아도 자기 스스로 만족과 실현이 이루어지지 않으면 왠지 모를 아쉬움을 느낀다. 이는 마치 올림픽에서 은메달을 따서 다른 사람들이 잘했다고 칭찬해도 정작 본인은 아니라고 생각하는 딱 그런 느낌이다. 이것이 결정적으로 4단계와 다른 점이다. 자존감은 인정을 받는데에 그치지만, 자아실현은 주변의 인정을 받더라도 자신이 만족하지 않으면 아무 의미가 없는 것이다. 역으로 자신이 만족한다면 설사 주변의 인정을 받지 않더라도 상관이 없다. 자아실현 의지가 높은 사람은 대개 자신의 아쉬운 부분을 만회하기 위해 끊임없이 노력하는 사람이다. 그래서 자아실현의 욕구는 인간에게 있어 매우 중요하다. 심지어 매슬로는 이러한 욕구를 방해하는 행위를 일컬어 다음과 같은 말을 하기도 했다. "자아실현의 진로를 좌절시키거나 왜곡시키는 모든 것이 바로 정신병리다."

따라서 자아실현은 풍요로운 삶을 지향하는 성장 욕구, 행복추구권과 연관되어 있다. 병영에서 실시하고 있는 일하는 문화 개선, 워라밸(work-life balance) 운동 등도 사실 이러한 자아실현을 구현하기 위한 제도적 방편이다. 그리고 이것은 개인은 물론 조직 발전에도 분명 도움이 된다. 가령 부대에서 동호회를 장려, 여건을 보장해 주고 일정 부분 지원도 한다면 언뜻 업무와는 상관없는 선심성 조치라 여길 수도 있겠지만 구성원들이 이를 통해 만족감을 느끼고 건강과 활력을 회복한다면, 이것이 결국 업무의 집중도로 이어지며 성과로 발현되기 때문이다. 이는 병사들도 예외가 아니다.

이제 정리해 보자. 대다수의 경우 생리적 욕구와 안전의 욕구는 이미 충족되어 있고, 3단계 소속감의 욕구 또한 일정 부분 충족되고 있을 것이다. 4단계 자존감의 욕구는? 이것도 해당 분야에서 인정받고 있다면 충족된 사람이 많을 것이다. 그렇다면 마지막 자아실현의 욕구는 어떠할까? 자아실현의 욕구는 좀 특이하다. 여타의 경우와는 다르게 다른 사람의 평가가 아닌 자신이 정한 주관적 기준에 의해 욕구의 정도가 결정되기 때문이다. 즉 자신이 생각하는 자아실현의 기준이 높다면 그 기준에 도달하기까지 자아실현에 대한 욕구를 계속 느끼게 되는 것이다. 그리고 이 욕구는 사람을 움직이게 하는 원동력이 된다. 우리가 흔히 말하는 대단한 사람들. 그들의 공통점은 자아실현에 대한 욕구가 매우 큰 사람들이다. 어쩌면 우리는 자신이 정한 기준을 충족하기 위해 끊임없이 노력하고 있는 그런 사람들 때문에 번영을 누리고 있는지도 모르겠다. '역사를 끌어갈 것인가? 역사에 무임승차할 것인가? 자아실현의 욕구가 바로 핵심 키워드다.' 이런 욕구를 최종 단계에 올려놓은 매슬로! 역시 대단한 사람이다.

병영 내에서 인권을 논하면 으레 생리적 욕구나 안전 욕구라는 하위 위계에 머무는 경우가 많다. '이 정도 해 주면 됐지 뭐, 옛날에는 ~하기도 했는데……'라며 스스로 가능성에 대해 장벽을 치는 식이다. 가령 '병사들이 무슨 스마트폰이야, 보안이나 사이버 도박사고 우려만 커지는데 그냥 잘 먹이고 잘 재우기만 하면 되지……'라고 생각하는 사람은 인간의 상위 욕구인 자아실현 욕구에는 관심이 없고, 1, 2단계 욕구에 그치는 사람이다. 자아실현은 계급이나 신분과 무관한 인간의 최상위 욕구임을 절대 잊어서는 안 된다. 만일 스마트폰을 악용해서 공동체의 신의를 저버린 채 법규를 위반하는 사람이 생긴다면…… 그 당사자만 엄벌하면 된다. 그것이 무서워 절대다수의 자아실현 욕구를 침해해서는 안 된다는 것이다.

따라서 1, 2단계 위계에 머무르는 사람은 '인지 재구조화'가 필요하다. 인지 재구조화는 당면한 문제를 다른 시각으로 바라보면서 그 문제가 가진 긍정적 측면에 초점을 두는 것이다. 예를 들어 "수사 과정에서 인권 침해 소지가 많은 헌병(군사경찰) 병과에서 무슨 인권 문제를 다루는가? 그런 전례도 없다."라는 인식에서 "수사를 하므로 병영 내 인권침해 현상을 많이 알고 있고, 그런 전례가 없기 때문에 더욱 의미가 있으며 성공 확률이 높다."라고 생각을 바꾸는 것, 즉 문제점을 가능성으로 바라보는 시각이 바로 인지 재구조화다. 필자 이야기다.

"사람이 온다는 건 실은 어마어마한 일이다. 한 사람의 일생이 오기 때문이다."라는 말이 있다. 그만큼 우리가 만나는 사람은 한 사람 한 사람 모두 소중한 존재들이다. 따라서 병사들을 함부로 대한다든지, 병사이기 때문에 욕구 위계 중 1, 2단계 정도만 충족시켜 주면 되는 게 아닌가? 하고 쉽게 생각해서는 안 된다. 인간의 삶을 더욱 풍요롭게 하는 것은 결국 3, 4, 5단계로 이것은 우리의 성장과 관계되고, 사람답게 사는 인권과도 연결되기 때문이다. 상위 위계에 대한 진지한 논의와 검토. 이 시점에서 필요하지 않을까? 그러면 이들은 강한 전투력으로 응답한다. 이런 것이 바로 인간이다. 시각을 바꿔 보자!

• • • • • • • • • • • • • • #7. 시야를 넓혀라 • • • • • • • • • • • •

　마인드. 흔히들 mind는 '마음'으로 번역하는데, 필자는 mind를 단순한 마음이 아니라 인지적 관점에서 '어떤 사물이나 현상을 판단하는 사고체계나 접근방식'으로 정의하고 싶다. 예컨대 긍정적인 마인드를 가진 사람은 그렇지 않은 사람보다 사물이나 현상을 바라볼 때, 보다 낙관적으로 생각한다는 식이다. 그렇다면 어떻게 하면 마인드를 향상시킬 수 있을까? 여러 방법이 있을 수 있겠는데 이번에는 그중 '시야'와 관련해서 얘기하도록 하겠다.

　『장자(莊子)』의 추수편(秋水篇)을 보면 다음과 같은 내용이 나온다. 어느 날 황하의 신(神) '하백'이 강물을 따라 처음으로 북해에 와서 동해를 바라보았다. '하백'은 지금껏 자기가 가장 잘나고 멋있다고 생각했는데 끝도 없이 펼쳐진 바다의 모습을 보고는 큰 충격에 빠졌다. 그는 바다를 다스리는 신 '약'에게 "그동안 가졌던 나의 좁은 소견이 부끄럽소. 당신을 못 만났다면 영원히 남의 웃음거리가 될 뻔했소."라며 반성했고, 이에 '약'은 '하백'에게 다음과 같은 세 가지 충고를 해 주었다.

"첫째, 우물 속에 있는 개구리에게는 바다에 대하여 설명할 수가 없다. 왜냐하면, 개구리는 자신이 사는 우물이라는 공간에 갇혀 있기 때문이다.

둘째, 한여름만 살다 가는 곤충에게는 찬 얼음에 대하여 설명해 줄 수 없다. 왜냐하면, 그 곤충은 여름이라는 시간에 고정되어 살았기 때문이다.

셋째, 편협한 지식인에게는 진정한 도(道)의 세계를 설명해 줄 수 없다. 왜냐하면, 그 사람은 자신이 알고 있는 지식에 묶여 있기 때문이다."

이에 '하백'은 큰 깨우침을 얻었다고 한다. 정저지와(井底之蛙), 즉 '우물 안 개구리'라는 사자성어가 탄생하는 순간이기도 하다. 장자는 "자신이 속해 있는 공간과 자신이 살아가는 시간, 자신이 알고 있는 지식을 뛰어넘어야만 진정으로 혁신이 이루어진다."라고 보았다. 실로 절묘한 경구(警句)다. 견문을 넓히고 사고의 틀을 깨야 비로소 세상이 보인다.

주변을 돌아보면 분명히 일을 잘할 수 있는 역량이 있고 성공 경험도 있음에도 이를 애써 외면하며 '과업이 쉬워서 그랬다', '혹은 운이 좋아서 그랬다'라는 식으로 해석하거나, 아니면 성공 경험이 있더라도 다른 부정적인 경험에만 주의를 기울여 자신의 능력과 노력으로 성공했음을 부정하는 사람들이 많다. 인지심리학자들은 인간이 부정적인 생각을 하는 이유에 대해 명쾌하게 설명하고 있다. "인간의 마음에는 원래부터 어떤 자극이 들어오면 이를 긍정이 아닌 부정적으로 인식하는 경향이 있다."

이른바 '부정적 왜곡'이라는 것인데, 인간은 마음속으로 들어오는 감정이나 생각을 즐겁게 인식하기보다는 불쾌하게 받아들이려는 심리가 일반적으로 작용하기 때문이라는 것이다.

따라서 자기를 과소평가하고 불평불만을 하는 것은 자신을 평가절하해서 생기는 습관이다. 성과를 내고 시야를 넓히기를 원한다면 내가 능력이 없다는 생각부터 깨트려야 한다. 자신을 못 믿으면 아무리 놀라운 재능도 소용이 없어진다. "내가 내 편이 돼 주지 않는데 누가 내 편이 되어 주겠는가?" 따라서 이런 사람들은 뇌 구조를 바꿔야 한다. 인지치료(CT)나 인지행동치료(CBT)가 효과적인데, 필자는 우선 독서를 통한 충분한 사색을 추천하고 싶다. 제2차 세계대전을 승리로 이끈 前 영국의 총리 '윈스턴 처칠'도 청소년 시절 말썽꾸러기 낙제생에 불과했지만, 책만큼은 손에서 놓지 않았다. 밥이 육신의 양식이라면 책은 영혼의 양식이다. 美 시카고대학에서는 교수들에게 각 분야의 고전 100권을 읽게 한다고 한다. 책은 시간과 공간을 넘어 진리를 깨우치고 위대한 꿈을 실현해 주는 유일한 방법임을 알고 있기 때문이다. 그리고 신경계를 구성하는 뉴런과 뉴런들 사이에서 연결고리 역할을 하는 '시냅스'를 명상과 성찰을 통해 의도적으로라도 바꾸는 노력도 필요하다. 이른바 '인지 재구조화' 작업을 해야 한다.

인지 재구조화 없이 하루하루 되는 대로 그냥 살아가는 사람. 즉 마인드가 부족한 사람은 다가올 상황에 대한 예측능력이 부족하기에 본질과는 상관없이 자신의 세계에서 일어나는 일들을 해석하기 위한 새로운 방법만 정신없이 찾아 헤매고, 또는 이와는 반대로 계속되는 실패에도 불구하고 거듭 똑같은 예측을 하는 등 그 만의 인지체계를 그대로 고수한다. 그런 모습을 지켜볼 때 무슨 할 말이 있겠는가? 그저 안타까울 따름이다.

8장

군인 가족에게
전하는 인권 이야기

장자(莊子) 열어구편, '도룡지기(屠龍之技)'

'도룡지기(屠龍之技)'. 용 잡는 기술을 말한다. 『장자(莊子)』열어구(列禦寇)편에 나오는 말로 '주평만'이란 사람이 '지리익'에게 용 잡는 기술을 배웠는데, 천금이나 되는 가산을 탕진하여 3년 만에 그 재주를 이어받았지만, 막상 쓸 곳이 없었다는 일화에서 유래한다. 용은 이 세상에 존재하지 않는 동물이므로 애당초 용 잡는 기술은 활용될 리 없고, 설령 용을 잡는다더라도 그것이 과연 천금을 쓸 만큼 중요한 일이었던가? 헛다리만 짚은 꼴이다.

어느 조직이나 핵심가치가 존재한다. 그런데 구성원이 그 가치에 함몰되어 정신없이 일만 한다면 어느 순간 삶의 방향성과 본질, 그리고 자아를 잃어버리기에 십상이다. 더욱이 개인보다는 국민의 생명과 재산을 보호하는 것이 우선시되는 군인이라면 더더욱 그렇다. 숭고한 직업적 가치, 멋진 제복, 계급과 권위에 매료되어 한길만 파고든다면 어쩌면 그

이면(裏面) 속에 가족 상실이라는 어두운 장막이 깔려 있을 수 있다. 정작 무엇이 중요한 일인지 모르는 장자 속의 '주평만'처럼 말이다.

장자가 문종에게 이야기한다. "눈 밝음이 위태롭고, 귀 밝음이 위태하다(目之於明也殆 耳之於聰也殆)." 귀 밝고 눈 밝다면 그것은 귀 밝은 총(聰), 밝을 명(明), 즉 '총명(聰明)'이 된다. 그런데 총명하면 좋은 것이 아닌가? 그 총명이 위태로움의 근본이라니? 그것은 현상이나 사물을 판단하고 예측하는 데 있어 그저 귀에 들리고 눈에 보이는 것이 전부라고 생각하면 위태로워진다는 의미다. 공기와 바람, 사랑과 용서 등 정작 세상에 중요한 것은 모두 눈에 보이지도 잘 들리지도 않는다.

필자가 알고 있던 모 대기업 임원. 평생을 일밖에 모르고 생활한 터라 퇴임 후 소소한 일상을 견디지 못하고 가족들도 왠지 불편해하는 것 같아서 하릴없이 산만 오르다 결국 목숨을 끊었다. 이 임원은 그동안 무엇을 쫓았는가? 아마도 자신의 가치를 사회적 가치와 동일시하여 맹목적으로 이를 추종하지 않았냐는 생각을 해 본다. 사회적 가치와 관련하여 심리학자 '토마스 펠런'은 이런 이야기를 했다. "사람들은 자신이 다른 사람에게 도움이 되었다고 느껴질 때 흐뭇한 기분이 든다. 다른 사람이 자신의 행동을 알아봐 주거나 인정해 주면 더욱 뿌듯해지고, 설령 그렇지 않다고 하더라도 어느 정도는 자신을 대견하게 생각한다."

그렇다. 이 임원은 대기업에서 공동체에 도움이 되는 다시 말해 사회적 가치가 높은 상태로 줄곧 생활해 왔는데, 집으로 돌아온 후부터 더는 가정이나 주변에 도움을 주지 못하게 되어 목적의식을 상실한 채 자괴 감에 빠졌으리라 생각된다. 그리고 분명 현재의 삶과 회사에서의 삶을 비교했을 것이다. 비교는 필연적으로 후회를 낳게 한다. 설사 비교를 통해 과거의 자신, 타인들보다 현재의 자기 모습이 낮다고 느낄지언정 만족감과는 별개의 것이기 때문에, 의당 행복으로 연결되는 것이 아님을 명찰할 필요가 있다. 이는 마치 반에서 1등 하는 학생이 10등 하는 친구 보다 성적은 우위에 있다 하더라도 10배 행복하지 않은 것과 같은 이치 다. 오히려 행복의 정도는 반비례할 수도 있다. 따라서 비교라는 주변을 의식하는 수단으로 나를 찾지 말고, 진정 내가 무엇을 좋아하고 어떤 가치로 삶을 살아가야 하는지를 정하고 찾는 것이 무엇보다도 중요하다.

인지심리학자들 중에서는 자살의 원인을 절망(絕望)이 아닌 무망(無望)에서 찾는 경우가 더러 있다. 절망은 원하는 바가 있지만 희망이 꺾인 상태를 말하고, 무망은 더는 바라는 것도 좋아하는 것도 없는, 즉 희망 자체가 없는 상태를 의미한다. 그리고 무망감으로 고통스러워하는 경우는 대개 사회적 기대에 부응하고자 최선을 다해 살아왔던 사람 중에서 종종 찾아볼 수 있는데, 이런 사람들은 정작 자기가 무엇을 원하고 어떤 삶을 살아갈 것인지를 모르고 살아왔던 사람들이다. 한평생 자식 뒷바라지만 하고 그것이 인생의 전부인 양 올인(all in)했는데 어느 날 자식이 결혼해 자기 곁을 떠나자 극도의 우울감에 빠진다든지, 앞서 임원과 같이 이제는 할 일이 없어졌다고 생각하며 삶을 비관하는 것이 바로 그런 경우다. 아마도 이 임원은 그동안 눈에 보이지 않는다는 이유로 정작 소중한 가치였던 자기 자신과 가족을 느끼지 못한 총명(聰明)으로만,

그리고 직장 내에서 성공이라는 존재하지도 않는 '용'만을 쫓았던 것은 아니었을까? '용'은 한낱 허상이자 한 줄기 신기루에 불과하다는 것을 모른 채 말이다.

털장갑과 눈깔사탕

가족이란 참 묘하다. 가족도 혈연으로 뭉쳐진 일종의 사회체계이긴 한데 남녀노소라는 성과 연령에 관해서는 이질적으로 구성되어 있다. 그런데도 가족들은 타 집단 대비 응집력이 강하고 서로에 대해 많은 것을 알고 있으며 생각도 공유한다고 믿는 경향이 강한데, 오히려 이로 인해 취약성이 드러나고 가족 내에 소통이 어려워지는 경우가 많이 생긴다. 아무래도 가족 상호 간 영향력이 크고, 개인보다는 전체로의 역할과 기능을 강요하기 때문이다. 따라서 발생할 수밖에 없는 '가족 스트레스'를 어떻게 대처하느냐가 가족의 행복과 성장을 가늠하는 척도가 되기도 한다. 최근 '건강한 가족'이라는 개념이 가족 연구에 있어 주요 키워드인데, 대체로 건강한 가족의 요소를 헌신과 배려, 감사와 애정, 긍정적 의사소통, 즐거운 시간의 공유, 정신적 안녕, 스트레스와 위기대처능력이라 말하고 있다. 그런데 이 모든 것을 관통하는 핵심요소가 존재한다. 그것은 그 무엇과도 바꿀 수 없는, 여타의 요소가 설사 결핍되었다 하더라도 대체가 가능한, 바로 '사랑'이다.

자녀를 여섯 둔 부모가 있었다. 자녀들은 다 성공해서 잘 살았다. 그런데 시집간 막내딸 하나가 어려운 생활에서 벗어나질 못하고 있었다. 그 막내딸은 남편과 사별하고 어린 자식 둘을 데리고 행상을 하면서 근근이 살아가고 있었다.

어느 날 아버지의 칠순 잔치가 큰아들 집에서 성대하게 열렸다. 자식, 며느리, 손자, 손녀들이 다 모였는데 저마다 좋은 선물들을 들고 찾아왔다. 그런데 아버지와 어머니가 아무리 둘러봐도 막내딸의 얼굴은 보이지 않았다. 아버지는 겉으론 내색하진 않았지만, 속으로는 오로지 막내딸 생각뿐이었다. 마치 조용필 '그 겨울의 찻집' 노랫말처럼 웃고 있어도 자꾸 눈물만 났다.

날이 저물자 찾아왔던 자식들이 하나둘 떠났다. 그 집이 큰아들 집이라 큰아들 식구와 부모만 남았다. 밤은 벌써 컴컴하게 변했다. 그때 아버지 마음속에 짚이는 것이 있었다. '혹시 이 녀석이 부끄러워 집에는 못 들어오고 밖에서?' 아버지는 아무 말 없이 밖으로 나갔다. 문밖에서 왔다 갔다만 수차례, 나직이 "아빠!" 하고 부르는 소리가 났다. 그쪽으로 달려가 보니 막내딸이 등에 아기를 업고, 손에는 큰아이를 붙들고 애처롭게 서 있었다.

막내딸은 창피해서 들어갈 수는 없었고, 아버지가 나오실 줄 알고 기다렸다고 하면서 손수 짰다고 하는 털장갑을 아버지 손에 끼워 줬다. 그러고는 "아빠, 이건 눈깔사탕이에요. 아빠, 저 열심히 잘 살아요. 아이들만 크면 고생 면할 거예요."라며 애써 웃음을 보이다 씩씩하게 어둠 속으로 사라졌다. 어느새 아버지의 눈에는 눈물이 가득 고였다. 기쁨과 안쓰러움의 눈물이 교차한 것이다. 그리고 아버지는 털장갑을 낀 채 눈깔사탕을 입에 물었다. 이보다 더 귀한 선물은 없었다. 그는 눈깔사탕을 입에 문 채 막내딸을 위해 정성스럽게 기도를 했다. 제발 행복하라고……

누군가 이야기했다. "'좋아해'는 그 사람이 나 없으면 힘들기를 바라는 거라면, '사랑해'는 그 사람이 나 없이도 행복하길 바라는 거라고…… 그리고 '좋아하는 것'은 내가 그 사람을 포기했을 때 내가 잃어버릴 것은 너 하나뿐인 거고, '사랑하는 것'은 그 사람과 헤어졌을 때 내가 잃어버릴 것은 너를 뺀 나머지 모든 것이라고……" 사랑이란 이런 것이다. 그런 사랑 중 아마도 가족 간의 사랑이 가장 아련할 듯싶다.

필자도 살아오면서 받은 많은 선물 중에서 아직도 고이 간직하고 있는 것들이 있다. 바로 필자의 딸이 전해 준 각종 카드와 카드 속에 담긴 글이다. 생일이나 크리스마스 등 특별한 날에 특히 많이 받았지만, 수시로 받기도 많이 받아 벌써 100여 개가 넘는다. 그 카드에는 부대를 수시로 옮겨야 하는 직업적 특성으로 인해 자주 볼 수 없는 아쉬움과 딸의 성장과정 그리고 아빠를 생각하는 마음이 고스란히 담겨 있어 필자에게는 너무나 소중한 물건이 된다. 지금, 이 순간에도 카드를 꺼내 보면서 웃음을 머금는다. 이런 것이 소소한 기쁨이자 행복인 듯하다.

성석제의『투명인간』(창비, 2014)이란 소설에 등장하는 김만수의 이야기를 할까 한다. 주인공 김만수는 평생을 가족들에게 자기 것을 내주고, 자신과 인연이 닿는 여타의 사람들에게도 선행을 베푼다. 그런데 정작 사람들은 김만수에게 별다른 고마움을 느끼지 않는다. 그러던 어느 날 김만수는 이런 이야기를 한다. "나는 우리 형제들이 나를 디디고 밑거름으로 삼아서 훌륭하게 되기를 바랐지. 혹시 나중에 뭔가 잘 안되어서 높은 자리에서 떨어지게 되면 어떻게든 떠받쳐서 재기하도록 도울 생각이고, 그런데도 나는 형제들, 식구들에게 분에 넘치는 사랑을 받았어. 그냥 형제라고, 가족이라고 말이에요."

소설 속 가족들은 김만수를 이용만 했다. 분명 '건강한 가족'이 아님이 틀림없다. 그러나 김만수는 개의치 않고 끝까지 자기의 내면을 드러내지 않는다. 그리고 투명인간이 되기를 자처한다. 슬프고도 공감이 가는 이야기다. 그러나 김만수의 이야기가 남의 이야기만은 아닌 듯싶다. 우리 주변에서도 이런 사람들을 쉽게 찾아볼 수 있기 때문이다. 나를 투명인간으로 만들지 않기 위해 기꺼이 당신이 투명인간이 되어, 내 성장의 밑거름과 자양분이 되어 주신 어머니의 모습도 그렇고…… 어느덧 나 자신도 그 길을 따라가고 있는지 모르겠다.

군인 가족에 있어 인권이란?

이제 군인 가족 이야기를 한번 해 보자. 사실 군인에게 있어 가족은 일반인보다 각별한 의미가 있다. 그러기에 군인 가족에 관한 관심과 배려는 필요하다. 인권 측면에서 몇 가지 화두를 던져 볼까 한다.

먼저 군인 가족은 잦은 이사를 감내해야 한다. 당사자인 군인은 새로운 환경에서 근무하면 그만이지만 가족으로서는 생면부지의 사람들을 만나야 하는 스트레스와 정서적 불안을 겪게 된다. 그곳이 고립무원의 전방이라면 더더욱 그렇다. 자녀들도 마찬가지다. 잦은 전학에 고향은 없어지고, 친구 사귀기도 어렵게 된다. 필자가 과거 초등학교에 다니는 딸 지혜에게 "친구들하고 잘 지내?"라고 묻자, "어차피 연말에 다른 곳으로 옮길 텐데 정들면 슬퍼지니 아예 친구를 사귀지 않아요."라는 답변을 들어 애잔해진 경험이 있다. 어느 군인 자녀가 학교생활에 적응하지 못해 자퇴 후 검정고시 준비를 한다는 주변의 소식도 새삼 놀랍지도 않다.

둘째로 집에 들어가지 못하는 날이 많다. 전시라면 두말할 나위가 없겠지만, 평소에도 잦은 야외훈련이나 당직, 심지어 자연재해가 발생해도 가정보다는 부대가 우선이라 집에 들어가지 못하니 홀로 떨어진 가족들은 공포와 불안, 외로움에 직면하게 된다. 또한, 전방이나 격오지 근무를 하다 보면 자녀 교육 등의 이유로 떨어져 살아야 하는 경우도 왕왕 발생한다. 주말, 월말 부부가 되는 셈인데 군대 판 '기러기 가족'임에 틀림이 없다.

기러기는 사실 가을의 마지막 문턱인 '한로'에 어김없이 우리나라를 찾는 철새다. 고려사를 보면 기러기를 계절의 전령이라 믿었고, 신의가 깊다고 해서 '신조(信鳥)' 또는 기러기가 줄지어 날아가기에 의좋은 형제를 의미하는 '안항(雁行)'이라고도 불렀다는 기록이 있다. 또한, 기러기는 암수가 정답게 살다가 혼자가 되면 재혼을 하지 않고, 남은 쪽이 새끼를 극진히 키우는 것으로 알려져 전통혼례에 자주 등장하는 동물이다. 혼인날 신랑이 기러기를 가지고 신부의 집에 가는 '전안례(奠雁禮)'가 바로 그것이다. 신랑이 기러기를 상에 놓고 두 번 절하면 신부의 어머니가 기러기를 신부의 방으로 가지고 가는데, 신의가 있는 기러기는 부부애도 강하다고 믿었기 때문이다. 비록 오늘날은 전안례 절차가 생략되는 경우가 많지만 그런데도 폐백상에는 백년해로(百年偕老)의 뜻을 담은 '목(木)기러기'가 항상 놓여 있다. 이렇듯 기러기는 역사적으로나 문화적으로 우리에게 좋은 의미의 동물로 널리 알려져 있다.

그러나 최근 들어 자녀의 조기 해외 유학으로 가족들이 떨어져 사는 경우가 늘어나는 사회현상과 철새라는 기러기의 특징을 빗대 '기러기 가족'이란 다소 부정적 어감의 용어가 사용되기도 한다. 어쨌든 오늘날 자녀 교육을 위해 머나먼 외국도 아닌 국내에서조차 기러기 가족이 되기를 자청하는 군인과 군인 가족의 모습을 떠오르면 애처로울 때가 많다. 몸은 떨어져 있어도 기러기의 특성과 본래의 마음은 잊지 않았으면 한다.

셋째로 군인이자 공무원이라는 신분적 특성 때문에 다소간의 희생을 요구받는다. 특히 사적 영역에서 다소간의 불평과 불만이 생겨도 쉬 표출하지 못하고 때로는 불합리한 일을 경험하더라도 남편(당사자가 여군일 경우 아내)에게 영향을 줄까 어지간하면 참는 것이 체질화되어 있다. 한마디로 '벙어리 냉가슴앓이'를 하는 셈이다. 부대 관련 내용을 주변 지인들에게 발설하지 못하도록 하는 군사보안 문제도 그렇다. 물론 군사보안은 합목적적이며, 전투력 발휘에 영향을 주는 등 국가안전보장상 중요한 부분이기에 응당 준수해야만 한다. 그러나 헌법에 보장된 표현의 자유를 군이 언급하지 않더라도, 자신이 아는 소소한 이야깃거리를 주변에 이야기하는 건 과시욕 여부를 떠나 인간의 본능이기도 하기에 이에 대한 스트레스는 분명 존재하리라 생각된다.

넷째로 최근에는 많이 좋아졌지만, 남편의 계급으로 배우자의 서열을 정하는 관행으로 인해 부당한 대우를 받곤 한다. 과거 필자가 어쩌다 부부 동반 식사를 주관했는데 부사관의 아내가 한사코 참석하지 않겠다고 해서 이유를 묻자 좌석 배치 등 보이지 않는 차별과 하대로 불쾌하기 때문이라는 답변을 들었다. 이는 현대판 갑질이다. 공식적인 의전 등 특별한 경우를 제외하곤 남편의 계급으로 배우자의 서열을 정할 수 없으며 명백한 인권침해이기도 하다. 따라서 부대원의 화합을 위한 자리에서 도리어 사기를 떨어뜨리는 우를 범해서는 안 될 것이다.

트리나 폴러스의 명저『꽃들에게 희망을』이라는 책을 보면 수만 마리 애벌레로 이루어진 '애벌레 탑'이 나온다. 애벌레들은 하늘 높이 올라가는 애벌레 대열에 합류하고자 서로 경쟁하고 짓밟는다. 그것이 마치 애벌레의 운명인 양…… 처절하기까지 하다. 그런데 막상 꼭대기에 도달해 보니 아무것도 없었다. 이걸 보기 위해 그동안 다른 이들을 짓밟아 왔던가? 어쩌면 이러한 애벌레의 모습은 우리네 일상과 너무나도 닮았다. 행복은 멀리 있는 것이 아니라 지금 우리 주변에 있는 것이다. 의미 없는 '용'만 찾지 말고 자신 때문에 희생하고 있는 가족들을 돌아보는 여유, 가족을 배려하는 마음을 한번 가져 보면 어떨까?

혹자는 말할 수 있다. 군인의 길은 원래가 험난하기 때문에 의당 군인 가족도 고통을 감내할 필요가 있다고…… 그러나 이는 논리적으로도, 정서적으로도 조직 발전적 관점에서도 말이 되지 않는다. 가화만사성(家和萬事成). 군인에게 있어 가정이 평안해야 마음이 평안하고 업무도 잘되며 결국 그것이 전투력으로 이어지는 법이다. 전투력은 국가안보의 중요한 요소인 만큼 이런 관점에서라도 군인 가족들에 대한 사회적 관심과 정책적 뒷받침은 필요하다. 그리고 무엇보다도 우리 자신이 먼저 이들을 보호하고 배려할 필요가 있다. 이들은 우리의 소중한 동반자이자 목적이 되기 때문이다. '군인 가족에 대한 배려, 이것이 진정한 워라밸의 완결이다.'

· · · · · · · · · · · #8. 어느 공군 조종사의 일기 · · · · · · · · ·

2010년 3월, 부하 조종사의 비행훈련을 돕기 위해 F-5F 전투기에 함께 탔다가 추락 사고로 순직한 故 오충현 대령의 생전 일기 중 한 부분이다.

"내가 먼저 죽는다면 우리 가족, 부모 형제, 아내와 자식들은 아들과 남편, 아버지로서보다 훌륭한 군인으로서의 나를 자랑스럽게 생각하고 담담하고 절제된 행동을 보였으면 한다. 그다음 장례식은 부대장으로 하고 유족들은 부대에 최소한의 피해만 줄 수 있도록 절차 및 요구사항을 줄여야 한다. 또 각종 위로금의 일부를 떼어서 반드시 부대 및 해당 대대에 감사의 표시를 해야 한다. 진정된 후에 감사했다는 편지를 유족의 이름으로 부대장에게 보내면 좋겠다. 더욱이 경건하고 신성한 아들의 죽음을 맞이해서 돈 문제로 마찰을 빚는다면 참으로 부끄러운 일일 것이다. 무슨 일이 있어도 돈으로 해서 대의를 그르치지 말아야겠다. 장례 도중이나 그 이후라도 내가 부모의 자식이라고만 여기고 행동해서는 안 된다. 조국이 나를 위해 부대장을 치르는 것은 나를 조국의 아들로 생각해서이기 때문이다. 가족은 이 말을 명심하고 가족의 슬픔만 생각하고서 경거망동하는 일이 없도록 스스로 갖추어야 할 것이다. 오히려 나로 인해 조국의 재산이 낭비되고 공군의 사기가 실추되었음을 깊이 사과할 줄 알아야겠다. 나는 오늘날까지 모든 일을 보고 직접 행동하면서 나의 위치와 임무가 정말 진정으로 중요하고 막중함을 느꼈고, 조종사이기에 부대에서 이렇게 극진하게 대하는 것에 대해 나 자신이 조종사임을 깊이 감사하며, 나는 어디서 어떻게 죽더라도 억울하거나 한스러운 것이 아니라 오히려 자랑스럽고 떳떳하다는 것을 확신한다. 군인은 오직 충성, 이것만을 생각해야 한다. 세상이 변하고 타락해도 군인은 변하지 말아야 한다. 군인의 영원한 연인, 조국을 위해서 오로지 희생만을 보여야 한다. 결코, 우리의 조국 그의 사랑은 배반치 않고 역시 우리를 사랑하고 있는 것이다."

순직하기 18년 전인 1992년에 작성한 내용이다. 오 대령의 아내는 실제 위로금의 일부를 부대에 전달했다고 한다. 가족의 안위보다 국가를 먼저 생각하고, 국가에 목숨을 거는 군인과 군인 가족의 전형을 보여 준 사례라 하겠다.

언젠가 필자의 딸 지혜가 나에게 물었다. "아빠는 군 생활을 그렇게 오래 했는데 후회하진 않아? 아빠에게 있어 군대란 그리고 헌병이란 뭐야?" 순간 먹먹한 감정이 밀려왔다. 당시 내가 무슨 말을 했는지 기억은 나지 않는다. 다만 지금 나의 심정은 이렇다. "묻지 마라. 목이 멘다……

내 청춘을 다 바쳤고 군에서 삶의 가치를 정립했으며, 헌병 병과의 임무대로 정의를 구현하면서도 때로는 질풍 같은 기세와 집념으로 난제 해결에 몰입하고, 동료들과 희로애락을 함께했던 가히 생의 동반자다."

과거 KBS 드라마 〈정도전〉에서 정몽주(임호 분)가 정도전(조재현 분)에게 역성혁명을 반대하면서 했던 대사가 있다. "현명하지 않아서 쓰러져가는 나라를 지켰다기보다는 고려라는 나라가 가지고 있는 찬란했던 시절과 유구한 역사에 대한 존중이 강하기 때문에, 이 나라를 갈아엎고 존재를 무시한다는 것은 고려라는 나라를 무시하는 차원을 넘어 이 역사가 담겨 있는 모든 것을 거부하겠다는 것과 마찬가지에서다." 딱 필자의 심정이다. 군인으로서 삶을 부정하거나 후회한다면 곧 '나의 역사'를 부정하는 것이 되기 때문에 다소 아쉬움은 있을지언정 절대 후회하지 않으려고 날마다 마음을 새롭게 하고 있다.

2017년 근속 30주년이 되었을 때 축하연에서 필자는 이런 이야기를 했다.

"그동안 제가 흔들릴 때마다 따끔한 충고와 격려로 방향성을 제시해 준 가족에게 먼저 감사의 마음을 전합니다. 사실 어제 저는 잠을 설쳤습니다. 아마도 30이라는 숫자가 주는 중압감과 야속한 세월의 흐름 때문일 것입니다. 기쁜 일도 물론 많았지만, 그간의 삶이 시계추처럼 제자리만 맴돈 것이 아닌가? 반성도 해 봅니다. 그러나 제가 꿈꾸던 이상과 열정은 아직 식지 않았습니다. 원래 3이 완전한 숫자라 하는데 여기에 10배를 곱한 오늘을 계기로 더욱 새롭게 태어나겠습니다. 또다시 긴 여행

을 시작하는 사랑하는 가족과 동기 그리고 우리 군의 발전을 다짐하는
의미를 담고 축배를 제의합니다."

　'2020년도 코로나19'로 어수선한 시국. 군인의 삶을 반추해 보면서 가
족과 동료 그리고 무엇보다도 국가의 안위를 걱정해 본다. 사무실 창 너
머에 있던 봄 내음이 슬그머니 코끝에 젖어 든다.

9장

상어의 눈물

군 기강 확립 vs 인권침해

국방부 '부대관리훈령'을 보면 지휘관은 부대의 핵심으로 부대를 지휘·관리 및 훈련하며, 부대의 성패에 대해 책임을 진다고 명시되어 있다. 그리고 이러한 책임 완수를 위하여 지휘관에게 '지휘권'이란 수단을 부여하고 있다. 물론 이러한 지휘권은 헌법이나 국군조직법 등 법률에 근거를 두고 있는데, 역으로 지휘권 남용을 막기 위한 한계 또한 법으로 규정하고 있다. '군인의 지위 및 복무에 관한 기본법'이 대표적인데, 이를 보면 지휘권의 한 형태인 명령과 관련하여 "명령이란 상관이 직무상 내리는 지시를 말한다."라고 명령의 정의를 분명히 하면서, "군인은 직무와 관계가 없거나 법규 및 직무상 명령에 반하는 사항 또는 자신의 권한 밖의 사항에 관하여 명령을 발하여서는 아니 된다."라고 부연하고 있다. 지휘권은 오로지 법적 요건과 절차에 따라 적법하게 행사해야 함을 의미한다.

이는 아무래도 지휘권을 너무 광범위하게 부여하면 개인의 인권을 침해할 소지가 많고 병영의 특성상 자칫 사생활에 대한 통제까지도 이어질 수 있어 적절한 선을 그은 것이라 할 수 있겠는데, 그렇다고 법과 규정에 따른 정당한 명령임에도 불구하고 이를 자의적으로 해석하거나 기본권 등을 내세워 불복하는 행위는 경계해야 할 것이다. 이에 동법 제25조에는 "군인은 직무를 수행할 때 상관의 직무상 명령에 복종해야 한다."라고 규정하여 복종에 관한 사항도 명시하고 있다. 군의 존재 목적과 특수신분 관계 등을 고려해 볼 때 구성원으로서 의무를 지니는 것은 지극히 당연한 일이다. 자유와 권리의 본질적인 내용을 침해하지 않는다면 말이다.

최근 군 기강 문제가 군내·외적으로 많이 화두가 되고 있는데 이번 장에서는 군 기강 확립이 왜 필요한지? 그 이유를 관점을 다소 전환하여 구성원의 권리보다는 '구성원의 의무', 나아가 국가안전보장을 위한 '전투력 발휘 요건' 그리고 '군인으로서의 자긍심' 측면에서 살펴보도록 하겠다.

군기(Discpline)는 라틴어의 '가르친다'(teach)가 그 어원으로, 사전적 의미는 '훈련, 훈육, 규율'이라 정의된다. 즉 군대의 기강을 의미하는 군기는 그 어원 속에서 이미 가르침이 선행되고 꾸준한 훈련이 필요함을 내포하고 있다. 꾸준한 훈련은 시스템 구비와 실천 의지가 무척 중요하리라 생각된다. 그렇다면 군기는 어떻게 가르치는 것이 좋을까? 신병 교육기관에서 직접 몸으로 느끼게 하는 등 여러 방법이 있을 수 있겠지만 필자는 군기에 대한 막연한 교육보다는 다음과 같이 군기가 필요한 근본적 이유를 설명하여 장병들의 공감을 끌어내야 성과를 극대화할 수 있다고 생각한다.

군 기강 확립이 필요한 첫 번째 이유는 유사시 적과 싸워 이기기 위해서다. 군은 목숨을 건 전투를 치르는 집단이고 생사의 극한 상황에 대비하는 조직으로 일반 조직과는 다른 가치관과 행동 원리가 필요한데, 그 대표적인 가치가 바로 군 기강 확립이다. 제1차 세계대전 당시 영국 근위연대가 프랑스에 파병되어 전투에 임했는데 예상과 달리 영국 근위연대가 대승을 거두게 된다. 당시 근위연대는 영국 궁성 앞에서 번쩍거리는 단추와 잘 다려진 멋진 옷을 입고 제식만 하는 군대라는 인식이 강했다. 하지만 그들은 런던 거리에서 보여 준 평소의 멋진 동작처럼 포탄이 터지는 전장 상황에서도 오직 지휘관의 명령에 따라 일사불란하게 전투에 임했다. 평소 제식훈련을 통해 터득한 명령에 대한 조건반사적인 행동이 전시에도 그대로 이어진 것이다.

다음은 필자가 경험한 사례로, 1993년 모 부대 무장 탈영병이 서울 시내에 잠입, 총기를 난사하여 서울 혜화동 일대가 아수라장이 된 적이 있었다. 당시 탈영병은 ○○○헌병단 특경대(지금의 군사경찰단 특수임무대)에 의해 검거되었는데, 유독 용기 있는 행동을 보여 준 한 대원에게 필자가 물어보았다. "탈영병이 총기를 난사하여 모두 숨기 바빴는데 너는 어떻게 용기를 낼 수 있었느냐?" 그 대원의 답변은 간단했다. "탈영병 검거가 저의 임무이고, 그곳으로 가야 검거할 수 있었기 때문입니다." 그렇다! 그 대원은 평상시처럼 훈련한 대로 행동한 것뿐이다. 위 두 가지 사례에서 볼 수 있듯이 군기는 평시뿐 아니라 유사시에도 전투에 대한 행동 잠재력을 끌어내는 중요한 요소임을 알 수 있다.

군 기강 확립이 필요한 두 번째 이유는 전시 극한 상황에 놓이게 되었을 때도 생존할 수 있는 정신적 지주가 되기 때문이다. 6·25전쟁 당시 7천여 명의 미군 포로 중 생존하여 귀환한 미군의 수가 3천여 명에 불과했던 데 반해, 터키군은 229명 전원이 건강한 몸으로 귀환할 수 있었다. 어떠한 차이가 있었을까? 당시 미군 포로수용소에서는 상하관계가 존재하지 않았다. 심지어 병사가 영관장교에게 "이 땅 좀 파지, 이제 당신은 장교가 아니야!"라고 말할 정도였다. 지휘체계가 붕괴되니 가뜩이나 물리적·정신적으로 고립된 병사들이 삶의 의욕을 잃고 모든 걸 포기하게 된 것이다. 이에 자극받은 미국 아이젠하워 대통령은 1955년 '6개 항의 행동강령'을 정해 도덕적 행동지침을 마련하고 군 기강에 대한 철저한 교육을 시행, 훗날 월남전에서 결실을 거두기도 하였다.

한편 터키군 포로수용소에서는 비록 포로이긴 했지만, 상하관계를 확립하고 상관의 명령에 복종하며 일사불란한 지휘체계를 유지하여 단 한 명의 사망자 없이 전원 귀환이라는 기적적인 결과를 낳을 수 있었다. 이는 평시 부대의 군기 수준이 극한에서 어떠한 결과를 초래하는지 대변할 수 있는 중요한 대목이라 할 수 있겠다.

군 기강 확립이 필요한 또 하나의 이유가 있다. 바로 군은 국민의 군대

이기 때문이다. 군은 국민을 떠나서 존재할 수 없고, 국민의 신뢰와 지지 없이는 임무와 사명을 제대로 수행할 수 없다. 따라서 국가방위라는 신성한 의무를 수행하는 군인에게 있어 국가에 대한 헌신과 봉사라는 덕목 외 여타의 집단과는 다른 도덕성과 올바른 처신이 요구되는 것이다.

군은 사기를 먹고 사는 집단이다. 동서고금의 역사를 보더라도 사기가 충천한 부대는 교육훈련을 잘하고, 교육훈련을 잘하는 부대는 군 기강이 바로 서며, 군 기강이 바로 선 부대는 전투에서 승리하게 되어 있다. 바로 선(善) 기능의 환류. 피드백이 일어나는 것이다. 반면 군 기강이 무너져 악성 사고라도 발생하면 곧바로 사기에 치명적 영향을 끼치며, 떨어진 사기로 인해 교육훈련의 동력이 상실되고 군 기강이 바로 설수 없으며, 전장에서의 승리도 기대할 수 없다. 아까와는 반대로 악(惡) 기능의 환류가 일어나게 되는 것이다. 따라서 군 기강 확립의 본질은 단순히 군내 질서를 바로잡고 사건·사고를 줄이는 것뿐만 아니라, 전투에서 승리하기 위함임을 깊이 인식해야 한다. 따라서 군 기강 확립은 '인사'의 영역이기도 하지만 '작전'의 영역이기도 하다.

프랑스 원수 '드 삭스' 장군은 군기에 대해서 다음과 같이 표현했다. "군대가 조직된 후 제일 먼저 대두되는 선결문제는 군기이다. 군기는 곧 군대의 영혼이다. 만약 그것이 지혜로서 이룩되고 확신으로 유지되지 않는다면 군대는 존재할 수 없다. 군기가 결여된 부대는 경멸의 대상인 무장폭도에 지나지 않으며 적보다 더 위험한 존재이다. 지금까지 복종이 용기를 저하시킨다고 얘기된 것은 거짓이며, 가장 위대한 행동은 항상 엄격한 군기를 바탕으로 하여 생긴다."

얼마 전 병사 상호 간 경례 문제가 화두가 된 적이 있었다. 경례는 군인사법 등 각종 법규에 근거한 적법한 예식이며 군 기강의 출발이자 상징으로 이론(異論)이 있을 수 없다. 또한, 지휘권은 존중되어야만 한다. 지휘권은 군 기강을 유지하고, 유사시 적과 싸워 승리하게 하는 가장 기본적인 전제가 되기 때문이다. 또한, 군 기강 확립은 지시에 의해 시행하고 지켜 내는 것이 아니며, 때에 따라 강조되는 이벤트 역시 아니다. 군기는 군인들의 자존심이자 유사시 장병들을 단합시키고 마음을 강건히 하여 적과 싸워 이길 수 있는 강력한 매체가 되는 것이다. 따라서 군 기강 확립은 여타의 인권 문제하고는 그 맥락과 차원이 다르다.

누군가 이런 말을 했다. "군인은 고개를 숙이지 않는다. 존경이나 복종할 때도 고개는 숙이지 않는다. 하늘보다 높은 사람 앞에서도 범보다 무서운 사람 앞에서도, 설령 패했다 하더라도 빈곤이나 죽음에 직면해도 고개는 숙이지 않는다. 오직 조국을 위해, 임무를 위해 목숨을 바칠 뿐……" 군인의 멋은 바로 이러한 기개와 의지에서 비롯된다.

상어와 샥스핀(shark's fin)

1975년 개봉한 〈죠스〉는 식인 백상아리와 인간 간의 핏빛 사투를 그린 영화로써 영화 사상 최초로 흥행 수입 1억 달러를 돌파하여 '블록버스터'라는 신조어를 탄생시키는 등 할리우드의 지형을 바꾼 기념비적인 작품이다. 죠스는 '피터 벤츨리'가 쓴 동명 소설을 영화화한 것이기도 한데, 이미 2천만 부가 넘는 판매고를 올린 피터 벤츨리는 영화까지 흥행하여 부와 명예를 한 손에 움켜쥐게 된다.

그러던 어느 날 피터는 전 세계에 보고된 상어 400여 종 중에서 인간을 공격하는 상어는 3여 종에 불과하고, 공격 대상도 대다수가 물개로 오인하기 쉬운 해녀나 수상스키를 즐기는 사람으로, 일부러 사람을 공격하지는 않는다는 사실을 알게 되었다. 더욱이 영화 개봉 이후 식인상어의 이미지가 대중들에게 널리 확산되어, 여타의 동물보호운동과는 달리 상어에 대한 불법포획은 대폭 증가하여 북대서양에서만 백상아리의 수가 79% 감소했다는 말에 큰 충격을 받게 된다.

모든 것이 자신이 쓴 소설 때문이라는 죄책감에 빠진 피터는 이후 평생에 걸쳐 상어보호 운동가로 활동하게 되는데, 어느 날 한 인터뷰를 통해 다음과 같은 말을 하였다고 한다. "나만의 상상에 빠져 제대로 알아보지도 않고 소설을 썼다. 과거로 돌아갈 수 있다면 절대 죠스를 쓰지 않을 것이다." 멀쩡한 상어를 사람을 공격하는 악의 축으로 만들어서 수많은 상어가 희생되었음을 자책한 말이다. 대중에게 각인되는 이미지! 참 무섭다.

사실 통계적으로도 상어로 인해 목숨을 잃는 사람은 전 세계 연간 10명 이하인 데 비해, 개에 물려 사망하는 사람은 2만 5천 명이 넘는다고 한다. 그럼 개가 악의 축이며 멸종시켜야 할 동물인가? 그것은 아니지 않은가? 굳이 상어의 잘못을 말한다면 해양생물에 있어 최상위 포식자로서 덩치가 크고 항상 입을 벌리고 다니며 외모가 위협적이라는 사실뿐이다. 샥스핀 용도로 지느러미가 잘려 나가고, 아가미가 약한 상어에게 있어 입을 벌리는 것은 숨을 쉬기 위함이라는 것도 모른 채 말이다.

상관도 인권이 있다

어느 사회든 조직을 효과적으로 운용하기 위해서는 '룰'이 필요하다. '룰'이 없다면 안정적이지 못할뿐더러 조직이 추구하는 성과 구현도 어렵게 된다. 이런 견지에서 우리 군도 엄격한 기준이 존재한다. 더욱이 무력을 관리하고 유사시 적과 싸워야 하는 집단인 만큼 여느 집단보다도 기준이 엄격하다. 이에 '군인사법'에서는 조직관리 차원에서 계급을 정해 군인의 서열도 매기고 있다. 주지하다시피 우리나라는 신분제 국가가 아니다. 그럼에도 불구하고 군은 계급과 서열을 정해 질서를 유지하고 응집력을 높여 위기 시 통제력 발휘를 극대화하고 있다. 대상관범죄를 엄단하고, 군인에게 있어 계급이 존중되어야 하는 이유가 바로 여기에 있다. 즉 필요에 의한 사회적 합의가 이루어진 것이다.

최근 병영 내에서 대상관범죄가 지속 증가하고 있다. 통계에 의하면 대다수 상관모욕이며 주로 병사에 의해 이루어지고 있는데, 문제는 이것을 '범죄'로 인식하기보다는 '인권'이라는 인식이 기저에 깔려 있다는 것이다. 일례로 중대장이 병사들에게 공정한 잣대로 포상휴가를 부여하고 있음에도 단지 자신이 제외되었다는 이유로 상관에 대한 모욕적 언사와 함께 '평등권 침해' 등을 운운하며 문제를 제기하는 경우를 들 수 있다. 악성 민원도 과거보다 많아졌다.

통상 인권은 약자를 보호하는 것으로 이해하기 쉬운데 사실 인권은 모든 사람에게 부여되는 권리다. 그리고 인권이라는 거스를 수 없는 현시대적 조류 속에서 부하는 일방적 약자가 아니며 상관도 일방적 강자가 아니다. 약자가 강자가 될 수 있으며 마찬가지로 강자가 약자가 될 수 있는 세상이다. 누군가 불합리한 처우나 인권을 침해당했을 때 구제할 수 있는 채널도 수없이 존재한다. 군대만 하더라도 '국방헬프콜'이나 '고충심사제도', '인권지키미 시스템' 등이 구비되어 있고, 대외적으로도 '국민신문고'나 '국가인권위원회' 등 여러 구제기관이 있다. 부하들이 이를 몰라서 신고를 못 하거나, 할 수가 없어 못 하는 것도 아니다. 만일 누군가 의도적으로 구제행위를 제지한다면 그 사람에게는 더 큰 사법적·행정적 책임을 물을 수밖에 없다. 일탈 행위에 대한 군내 견제장치(군사경찰, 법무, 감찰 등)가 있음은 물론이다. 요컨대 인권을 내세워 상관의 정당한 권한 행사마저 불복하거나 그 취지를 의도적으로 확대·왜곡하는 등 악용해서는 안 된다는 소리다.

따라서 부하의 인권을 존중해야 하듯이 상관의 인권도 마땅히 존중되어야만 한다. 존중과 배려는 일방이 아닌 쌍방으로 이루어질 때 그 효력이 배가되고, 조직 내에서 진정한 인권존중 문화가 형성되는 것이다. 그럼에도 불구하고 구성원들이 단지 상관이라는 이유만으로 상관을 마치 〈죠스〉에 등장하는 상어처럼 인식한다면 이 또한 문제이며 또 다른 인권침해가 된다.

'세계인권선언' 제29조를 보면 "모든 사람은 공동체에 대하여 의무를 지닌다. 또한, 자신의 권리와 자유를 행사하는 데 있어 다른 사람의 권리와 자유도 당연히 인정하고 존중해야 한다."라고 명시되어 있다. 이는 인권을 주장한다면 권리에 따르는 의무도 다해야 함을 내포한 말이다. 필자는 응당 권위주의를 싫어한다. 그러나 군대를 운영하기 위해서는 일정 부분 지휘관의 권위는 필요하다. 만일 지휘관이 권위를 잃거나 위축된다면 결국 사공이 많은 그 부대는 물로 못 가고 산으로 올라갈 것이다. 군에서 지휘관을 보호해야 하는 이유는 분명하다. 지휘관은 전승의 요체가 되며, 앞서 얘기했듯이 군은 유사시 목숨을 걸고 국가수호의 임무를 수행하는 운명공동체적인 성격을 지니기에 계급과 서열을 통한 상명하복의 위계질서 유지가 필요하기 때문이다. 그리고 이를 위해 군인 사법에 군인의 계급을, 군형법상에는 대상관범죄를 엄격히 규정하고 있다. 따라서 지휘관을 보호하는 것은 개인의 인권 측면의 법익을 넘어서서 군 통수체계를 보호하는 다른 차원의 의미가 있음을 인식할 필요가 있겠다.

지금까지 우리는 지휘관의 자질 문제를 리더십 차원에서 강조해 왔다. 그러나 이제는 조직의 존재 목적을 상기하여 부하들도 '팔로십'을 가치로 인식해야 할 때가 됐다. 지휘권은 분명 지휘관에게 있지만, 부하들의 의지와 지휘관에 대한 믿음은 천군만마가 되는 것이다. 물론 부하들의 팔로십을 끌어내기 위한 지휘관의 노력과 책임이 필요함은 말할 나위가 없다. 지휘관 이·취임식에 가 보면 "대과 없이 부대를 지휘하게 돼서 감사하다."라는 표현을 자주 듣게 되는데 마음 한구석이 불편하다. 대과가 없다면 훌륭하게 부대를 지휘한 것인가? 지휘관은 응당 구성원의 역량 향상과 조직을 성장시키는데 사활을 걸어야 한다. 그러기 위해서라도 무분별한 흔들기는 지양해야 한다.

상어 포획은 잔인하다. 포획자는 샥스핀 요리로 사용할 지느러미만 자르고 상품가치가 없는 몸통은 바다에 버리는데 부레가 없는 상어는 가라앉게 된다. 그리고 상어는 헤엄을 쳐야 호흡할 수 있는데 지느러미가 없으니 헤엄을 치지 못해 자신이 나고 자라던 삶의 터전인 바다에서 서서히 질식사하고 만다. 바다의 제왕이었던 상어가 숨을 쉬지 못해 죽음을 기다리는 모습을 상상해 봤는가? 그것도 드넓은 바다에서 말이다. 혹 상명하복의 위계질서가 생명인 우리 군인에게 있어 부지불식간 상관을 상어처럼 질식시켜 버리는 행위는 없는지? 한번 곱씹어 볼 만한 일이다.

#9. 군인에게 있어 전문성이란?

〈생활의 달인〉 프로그램에 출연한 달인들은 거의 묘기에 가까운 기술을 보여 준다. 어떻게 그렇게 할 수 있을까? 달인들은 대수롭지 않다는 듯 "10년 정도 열심히 하니까 이렇게 되었다."라고 말하곤 한다. 단지 그 이유가 전부일까? 그런 이유라면 우리 주변의 상당수는 이미 달인이 되어 있어야 한다. 이들은 에둘러 이야기했지만 사실 본인의 인식 여부와 무관하게 '심층훈련'을 한 것이다. 어떤 목표를 정하면 그것을 이루기 위해 끊임없이 반복하고, 실수하게 되면 시간이 걸리더라도 문제점을 정확히 짚어 내며 또다시 반복연습을 하는 심층훈련, 그것이 바로 달인의 비결이었다. 처음엔 느린 것 같지만 일정 기간이 지나면 요령을 피우는 것보다 몇 배, 몇십 배의 정확성과 속도를 낼 수 있다. 이른바 전문가의 영역에 들어서는 것이다.

말콤 글래드웰이 쓴 『아웃라이어』라는 책을 보면 '1만 시간의 법칙'이

나온다. 하루 세 시간씩 10년이면 1만 시간이 되는데, 이 정도 노력을 하면 경지에 오를 수 있다고 한다. 이때 재능은 성공의 필요조건이지 충분조건은 아니고, 성공은 무서운 집중력과 반복된 학습의 산물이란 것이다. 물론 견해 차이도 있을 수 있겠지만 이 점은 시사하는 바가 크다고 본다.

군인이라는 직업은 전문직이다. 특히 간부의 경우는 대다수 10년 이상 복무하기에 이미 전투의 달인, 아니 적어도 자기 직무에 있어 달인이 되어 있어야 한다. 범위를 확대하면 병사들도 마찬가지다. 하루 세 시간씩 잡았기 때문에 10년이지, 24시간 병영 생활을 하는 병사의 경우 더 많은 시간을 할애할 수 있어 달인에 오르는 시간을 대폭 단축시킬 수 있다. 그런데 현실은 그렇지만은 않다. 왜 그럴까? 그것은 심층훈련을 하지 않았기 때문이다. 심층훈련을 하지 않는 것은 여러 이유가 있을 수 있겠지만 그 출발은 지적 호기심을 바탕으로 자기 분야의 전문가가 되겠다는 마인드의 부족에서 기인한다. 군인에 있어 전문성은 불필요한 노력의 낭비를 없애는 등 업무 효율성을 배가시키고 전·평시 부하들의 목숨을 구할 수 있으며, 국민으로부터 신뢰를 얻을 수 있는 필수조건임을 잊지 말아야 한다.

성수기 100만 명의 피서 인파가 몰린다는 부산 해운대 해수욕장. 과거부터 익사자가 많이 생겨 골칫거리였다. 해저지형의 굴곡 등으로 파도가 육지에서 바다 쪽으로 되돌아가는 이안류 현상 때문이었는데, 이 이안류가 짧은 시간에 빠른 속도로 흘러 구조가 어렵고 발생 시간과 장소를 정확히 예측할 수도 없어 수상구조대원의 노력만으로는 여러모로 역부족이었다. 이때 혜성처럼 등장한 인물이 故 김동환 소방장이었다. 김동환 씨는 이안류 극복을 위해 관계기관과 연계하여 '해저굴곡지도'를 7년에 걸쳐 완성했다.

이후 김동환 소방장은 이 해저굴곡지도를 이용하여 이안류 발생 시간과 장소를 정확히 예측하였고, 이러한 자료를 토대로 선제적 예방활동을 하여 20여 년간의 근무기간 동안 1,650여 명을 구조할 수 있었다. 선제적 예방활동의 정수(精髓)를 보여 준 셈이다. 만일 당시 김동환 씨가 "구조대원의 숫자와 장비가 열악하기 때문에 인명 손실은 어쩔 수 없다."라고 체념했다면 이러한 성과가 나타날 수 있었을까? 그는 일반적인 통념을 거부했다. 어떻게 하면 사람을 살릴 수 있을까? 하는 근본 문제에 주목하여 끈질기게 이안류 현상을 연구하였고, 그 산물이 해저굴곡지도로 투영된 것이다.

군내에서 크고 작은 사건·사고가 꾸준하게 발생하고 있다. 범죄는 고의범이기 때문에 일단 차치(且置)하더라도 안전사고는 과실에 의한 것이기에 아쉬움이 더 클 수밖에 없다. 그런데 필자가 그간 발생한 안전사고를 분석한 결과 시스템 미비도 있지만 주된 원인은 '무지'와 '매너리즘'이었다. 그런데 그 매너리즘이라는 것도 결국 위험성에 대한 무지가 원인이기에 사실상 안전사고의 출발은 무지에서 시작된다고 해도 과언이 아니다.

서당 개 3년이면 풍월을 읊고 호떡집 장수도 10년이면 눈 감고 호떡을 구울 수 있다는데, 국방의 의무를 다하기 위해 입영한 병사와 국민의 세금으로 마련된 자산을 관리할 책임이 있는 군의 간부들에 있어서야 두말할 나위가 있겠는가? 책임은 말로만 해서 감당할 수 없다. 그 출발은 문제에 대한 자각이고, 과정과 끝은 반드시 문제를 해결하겠다는 마인드와 집념, 그리고 반복된 학습이다. 사람들은 이를 '전문성'이라 부른다.

10장

인권 감수성을
높이려면?

장애인 이야기

과거 KBS 〈개그콘서트〉에 '감수성'이라는 코너가 있었다. '감수성'은 전쟁을 치르던 감수왕이 신하들의 답변이 마음에 들지 않으면 막말을 하거나 폭행을 해서 신하의 마음에 상처를 주다가 이내 사과를 하는 설정으로 감수성이 풍부한 왕과 신하의 모습을 코믹하게 그려 낸 개콘의 '엔딩 코너'이기도 했다. 그런데 우습게도 이 감수성 코너가 '인권 감수성'을 설명하기에 매우 적절하다는 생각이 든다.

'감수성'의 사전적 의미는 외부세계의 자극을 받아들이고 느끼는 성질로서 예민성이라고도 할 수 있다. 그리고 여기에 인권을 더한 '인권 감수성'은 인권 문제가 제기되어 있는 특정 상황 속에서 인권을 지각하고 해석하며, 이때 나의 행동이 관련된 사람에게 어떤 영향을 미칠지를 아는 심리 과정을 의미한다. 그러기에 인권 감수성은 인권실천의 근원적인 전제가 되며, 어쩌면 인권존중 사상의 전부라 해도 과언이 아니다. 사실 필자가 그동안 집필한 내용도 쉽고 다양한 비유를 통해 인권 감수성을 높여 보자는 것이 근본 취지였다. 그런 견지에서 감수왕의 인권 감수성을 평가해 보면 어떨까? 좀 애매할 것 같다. 화가 난다는 이유로 부하의 입장은 살피지 않고 막말을 해 대니 인권 감수성이 매우 낮다고 여겨지는데, 한편으로는 이내 신하들의 상처에 미안해하고 사과를 하니 어느 정도는 있다고도 볼 수 있겠다. 그렇다면 인권 감수성을 높이는 방법은 어떤 것들이 있을까?

　우선은 냉철한 이성과 논리로 인권의 필요성과 소중함을 인식해야 한다. 인권은 인간이라는 이유만으로 가지는 당연한 권리로서 다른 목적(예컨대 병영문화혁신을 위한)의 수단이나 도구가 될 수 없고 그 자체가 목적이 되어야 한다. 또한, 인권은 병사나 사회적 약자, 장애인들만을 위한 것이 아니라 우리 모두를 위한 것임을 인식해야 한다. 가령 신체기능이 떨어진 노인을 가정이나 사회에서 일을 못 한다는 이유로 잉여인간처럼 취급하거나 장애가 있다고 무시한다면? 조금만 이성적으로 생각하면 노인은 '미래 당신의 모습'이란 사실을 쉽게 유추할 수 있다. 우리는 시간문제일 뿐 언제 장애인이 될지 모르는, 아니 결국 장애인이 되는 '예비 장애인'이라는 사실을 잊어서는 안 된다. 또한, 여성들이 몰카나 스토킹, 각종 성폭력 범죄 등에 노출되어 두려워한다면 이는 여성 일반의 문제가 아니라 우리 엄마, 아내, 딸의 문제가 된다. 따라서 인류공영 문제를 떠나 노인이나 여성, 아동, 장애인 등의 인권 문제는 곧 나의 인권 문제가 되는 것이다.

잠깐 장애인 이야기를 좀 더 해 보자. 보건복지부가 발간한 '2017년 장애인 실태조사 보고서'에 의하면 우리나라에서 등록된 장애인은 266만 명이다. 인구의 5%가 넘는 숫자인데 솔직히 등록을 꺼리는 사람도 제법 있을 수 있으므로 실제 숫자는 좀 더 많을 것이다. 생각보다 많음에 우선 놀랐고, 이들에 대한 우리의 시선이 별반 달라지지 않음에 또 한 번 놀란다. 솔직히 장애인은 신체 일부에 장애가 있어 일상생활에서 어려움이 있는 사람이다. 적지 않은 숫자이고 누구나 장애인이 될 수 있으며 무엇보다도 이들이 겪는 불편은 인간다운 삶을 살아가는 데 있어 커다란 걸림돌로 작용하기에 국가나 사회가 나서서 조치해 줘야 한다. 개인 차원보다는 사회구조적으로 장애인들이 불편하지 않도록 해 줘야 한다는 뜻이다. 가령 전동 휠체어를 타는 사람을 위해 모든 건물에 자동문이나 경사로를 설치하고, 대중교통도 자유로이 이용할 수 있게 하며, 도로 통행에도 지장이 없게 해 주는 것인데 그렇게 불편을 해소해 준다면 그 사람은 더는 장애인이 아니다.

또한, 장애인에 대한 왜곡된 시각도 바꿀 필요가 있다. 장애인은 신체 일부가 문제가 있는 사람일 뿐 그 이상도 그 이하도 아니다. 그리고 그마저도 의학과 기술의 발전으로 어느 정도 치유도 가능하다. 안경을 발명하여 시력이 좋지 않은 사람들이 사용하고 있는 것이 좋은 예가 된다. 이들은 분명 시력에 문제가 있지만, 누구도 이들을 '시각장애인'이라고 부르지 않는다. 안경이나 렌즈 등을 통해 이미 일상생활에서 불편을 모르게 되었기 때문이다. 지금은 4차 산업혁명 시대다. 앞으로 생물학 기술(유전학, 합성생물학)의 발전으로 인체의 장기를 프린팅으로 만드는 '바이오프린팅' 기술이 더욱 보편화된다면 어느 정도의 신체 손상은 더는 장애가 되지 않을 것이다.

한편, 장애인들이 겪는 고충 중에 '감동 포르노'라는 것이 있다. 영화나 광고, 각종 미디어에서 장애를 내세워 비장애인에게 동기부여나 감동을 주려고 하는 형태를 말하는데, 장애인들에게는 상당한 불쾌감을 자아내게 한다고 한다. 결론적으로 비장애인 관점에서 "그래, 내가 저 사람보다는 낫잖아. 저런 사람도 있는데 열심히 살아야지!"라는 메시지를 주는 것으로, 장애인을 두 번 죽이는 경우가 된다. 실제로 농인(聾人) 배우 ○○○ 씨는 미디어 내 장애인 왜곡 현상을 비장애인들의 감동 포르노라고 말하며, 장애인에 대한 입장은 전혀 고려하지 않은 채 장애인을 멋대로 규정짓고 있다고 비판하면서 "장애인들에게 가장 시급한 것은 일자리를 주는 것"이라고 말하기도 했다. 또한, 발달장애인 기봉이를 흉내 낸 배우 ○○○ 씨도 국가인권위원회로부터 장애인에 대한 고정관념과 편견을 강화할 우려가 있다며 주의 요구를 받기도 했다. 장애인도 당연히 인권이 있는 것으로 설령 의도하지는 않았더라도 특정 목적을 위한 수단이나 도구로 활용되어서는 안 되는 것이다. 나의 행동이 관련된 다른 사람에게 어떤 영향을 미칠지 생각해 보는 인권 감수성에 대한 인식 확산이 절실히 요망된다.

백설공주의 항변

인권 감수성을 높이는 두 번째 방법은 '공감'이다. 공감은 단순히 상대의 감정을 이해하는 객관적인 능력인 '감성 지능'과는 구분되는데, 엄밀히 말해 공감은 상대방의 주관적 세계를 인지하여 타인의 상황과 기분을 느낄 수 있는 능력을 의미한다. 특히 상대방과 같은 감정을 느끼는 것이 공감의 핵심이다. 따라서 만일 어떤 사람이 공감 능력이 발달했다면 특정 상황 속에서 인권을 지각하고 해석하는 인권 감수성도 뛰어나리라는 것을 쉽게 예상할 수 있다.

그렇다면 공감을 잘하기 위해서는 어떻게 해야 할까? 우선 상대방과 소통을 잘해야 할 것이다. 어느 조직이든 소통은 구성원을 화합시키고 조직이 추구하는 목표 달성을 위한 중요한 매체가 된다. 그러기에 군에서도 문자, 비대면 보고 활성화, 대화의 창구 개설, 소통·공감 Day 추진 등 각종 제도나 시스템으로 이를 구현하고자 노력하고 있다. 그런데도 소통은 참 어렵다. 왜 그럴까? 말은 그럴싸한데 현실에서의 모습은 자신의 의도와 생각을 일방에게 전달하고 지시하는 '의사소통(意思疏通)'만을 시도하고 있기 때문이다. '소통은 머리가 아니라 가슴으로 하는 것이다. 그리고 소통은 머리나 제도의 문제가 아니라 감정의 문제다.'

소통을 가로막는 또 하나의 이유는 사람을 쉽게 판단하고 평가하는 습관 때문이다. 심리학 용어에 '초두효과(初頭效果)'라는 것이 있다. 처음 입력한 정보가 나중에 습득하는 정보보다 더 강한 영향력을 발휘하는 것을 일컫는데, 미국 다트머스대학 심리 · 뇌 과학자인 '폴 왈렌' 교수의 연구에 따르면 뇌의 편도체는 0.017초라는 짧은 순간에 상대방에 대한 호감과 신뢰 여부를 판단한다고 한다. 초두효과는 어렵지 않게 이해할 순 있겠는데, 그래도 0.017초라니? 다소 어이없는 수치다. 하지만 인간의 뇌 구조와는 상관없이 우리가 소통할 때에는 그렇게 쉽게 타인을 판단해서는 안 된다. 고대 그리스 회의론자들은 '에포케(Epoche)'라는 말을 자주 사용했다. '판단의 보류'를 뜻하는 철학 용어인데 지식은 완전치 않으므로 쉽게 판단하고 확언하는 태도를 경계해야 한다는 의미다. 따라서 사람을 대할 때 최소 5초 동안이라도 모든 판단을 보류하고, 그 사람이 진정 무엇을 원하는지? 그 사람의 감정이 무엇인지? 느껴 봐야 한다. '감정을 함께 공유하면 새로운 소통, 공감이 시작된다. 공감이란 분석과 충고를 하지 않고 그 사람의 감정을 아는 것이다.'

공감에 있어 필요한 또 하나의 키워드는 '관점 전환'이다. 즉 정해진 틀이나 일반적 기준으로 사람을 재단하지 말고, 그 사람의 입장과 상황에서 바라보라는 것이다. 1913년 이탈리아의 심리학자 마리오 폰조는 철도 레일의 앞과 뒤에 크기가 같은 두 상자를 놓아두면 시각적으로는 멀리 있는 상자가 더 커 보인다는 이른바 '폰조 착시효과'를 발표했다. 이는 사람들이 통상 사물의 본질보다는 배경을 기초로 물체의 크기를 결정함을 보여 주는 것이다. 한국다양성연구소장 김지학 씨는 이를 두고 "같은 사물이라도 다른 위치에 놓이면 다르게 보이는데 사람도 마찬가지다. 같은 사람이라도 다른 환경 속에 있으면 다른 사람으로 보일 수 있고 실제로 다른 사람이 될 수도 있다. 그 사람의 상황과 배경, 역사와 삶을 이해하지 못한다면 나와 다른 것을 보고 틀렸다고 할 것이고, 나와의 차이점을 이용하여 그 사람을 차별하게 된다."라고 말한 바 있다. 맞는 말이다. 예컨대 흑인 남자가 있는데 그 사람의 능력과 본질을 보려고 하지 않고, 주변의 배경과 이미지, 즉 그 집단의 공통된 특징이라고 인식하는 '고정관념'(빈곤, 마약, 이슬람교, 저학력 등)과 그 집단의 성원이라는 이유만으로 갖는 부정적 정서인 '편견'(범죄자, 불결함, 저능함 등)만 보고 사람을 재단한다면 그것이 바로 사람에 대한 '폰조 착시효과'인 것이다.

또한, 내 생각이 항상 옳고, 다수결이 항상 옳은 것도 아니다. 진정한 민주주의란 다수결로 결정이 되더라도 소수의 의견까지 존중하는 것이다. 그리고 사실 따져 보면 다수의 의견이라는 것도 우리가 전통적으로 내려오는 관습이나 사회적 규범, 통념 등을 반영한 대부분 주류사회의 입장으로 마냥 합리적이지 않음에도 소수의 의견은 그냥 틀린 것으로 간주해 버리는 경우가 많다. 영국의 사회사상가 '존 러스킨'은 말한다. "햇빛은 달콤하고, 비는 상쾌하고, 바람은 시원하며, 눈은 기분을 들뜨게 만든다. 세상에 나쁜 날씨란 없다. 서로 다른 날씨만 있을 뿐이다." 우리는 '다르다는 것은 옳고 그름의 문제가 아니라 관점의 차이일 뿐'이라는 사실을 직시할 필요가 있다.

박연희 씨의『백설공주는 왜 자꾸 문을 열어 줄까』라는 책을 보면 다음과 같은 내용이 나온다. 동화 속 백설공주는 방물장수로 변장한 계모에게 목이 졸리고, 며칠 뒤 행상인으로 변장한 계모의 술수로 독이 묻은 빗으로 머리를 빗어 또 쓰러지며, 앞으로 절대 문을 열어 주지 말라는 난쟁이의 거듭된 호소에도 또다시 문을 열어 줘서 결국 독사과를 먹고 죽게 된다. 이 얼마나 우둔한 행동인가? 두 번씩이나 당하고도 문을 열어 주다니? 그런데 조금 관점을 달리해 보자. 백설공주는 과거 호화로운 왕궁 생활을 했다. 그러던 어느 날 숲속에 버려져서 일곱 난쟁이와 함께 살게 되었는데, 난쟁이들의 일과라는 것이 아침 일찍 일하러 나가서 저녁 늦게 들어온 뒤 식사를 하고 일찍 잠을 자는 게 전부다.

그럼 백설공주는 뭐란 말인가? 낮이나 밤이나 백설공주는 항상 혼자였다. 만일 난쟁이들이 백설공주와 진정으로 소통과 공감을 하려 했다면 '절대 문을 열어 주지 말라'는 표현 대신 '얼마나 외롭겠어요? 내일은 일하러 가지 않을 테니 우리하고 같이 놀아요!'라고 해야 하지 않았을까? 그렇지 못한 상황에서 백설공주는 자기를 찾아와 말벗이 되어 주는 행상이 고마웠을 것이다. 설령 그것이 위험하더라도 차라리 대화하는 편이 낫다고 판단한 것이다. 필자가 보기엔 어쩌면 백설공주는 심각한 우울증 환자였을지 모르겠다. 이런 관점에서 보면 백설공주의 행동이 이해가 된다.

된장녀 vs 김치녀 vs 한남충

셋째로 언어의 민감성을 키워야 한다. 우리가 부지불식간 사용하는 언어는 그 사람의 인권지수가 드러나는 바로미터가 된다. 이러한 측면에서 인권 감수성은 곧 '언어 민감성'이기도 하다. 상대방의 외모나 성별, 학력, 고향, 직책 등을 희화화하거나 자존감을 떨어뜨리는 은어 사용, 타 집단과 차별화하려는 언어 사용 등은 언어 민감성이 떨어지는 행동임이 틀림없다.

비근한 예로 우리 사회에서는 여성에 대한 비하적인 표현이 유독 많다. "여권이 신장하여 요즘은 남성이 역차별을 받는다. 여성 때문에 남성 일자리가 줄어든다. 페미니즘이 남녀평등을 위한 것이 아니라 여성들의 이익만을 대변하는 여성 우월주의로 변질되었다."라는 식의 여성 혐오적인 사회 분위기가 일부 반영되어 그런 표현을 사용하는 것 같다. 물론 여기에는 미디어의 영향도 크게 작용했다. 가령 하룻밤에 수백만

원어치 술을 마시고 명품 의류와 고급 스포츠용품 등으로 도배를 하는 남자에게는 별다른 호칭을 붙이지 않지만, 여자는 해외 명품을 좋아하면 곧바로 '된장녀'가 되고, 남성의 돈을 밝히고 남성을 통해 신분 상승을 하려고 하면 '김치녀'가 된다. 물론 한국 남자의 줄임말인 '한남'과 벌레 '충(蟲)'을 합성시킨 '한남충'이란 은어도 존재하지만 임팩트가 약하고, 도리어 2017년 여성비하로 논란이 된 웹툰 작가를 한남충이라고 지칭한 여자 대학원생이 모욕죄로 벌금형을 선고받은 적도 있다. 한남충이 벌레를 의미하고 모욕적인 표현이기 때문이라고는 하는데, 수없이 넘쳐나던 여성 혐오적 비하어에는 그간 관계기관에서 별다른 반응을 보이지 않았음을 생각해 본다면 논란의 여지가 있다.

어디 이것뿐인가? 운전을 못 한다는 이유로 졸지에 성이 바뀌어 '김 여사'가 되기도 하고, 분명 범죄의 피해자임에도 가해자 남자는 사건에서 지워지고 여성이 엽기적 범행 수법과 결부돼 가십거리가 되기에 십상이다. '대장내시경녀', 의사가 대장내시경 도중 마취상태의 여성을 성추행한 사건의 기사 제목이다. 어떻게 사건의 본질과 논점을 이렇듯 흐릴 수 있는지 기가 찰 노릇이다. 그밖에 '캣맘 사건', '나영이 사건' 등 여성 비하 표현은 수없이 찾아볼 수 있다. 왜 이럴까? 여성은 대한민국에서 이등 국민 정도 된다는 것인가? 아니면 성적 모멸감이나 조롱을 받아도 무방한 하등동물이라는 것인가? 언어 민감성이 바닥에 떨어진 대표적 사례라 할 수 있겠다.

이런 현상은 병영 내에서도 예외는 아니다. '땡보'(편한 보직), '야비

군'(예비군), '짬찌'(신병, 이등병), '꿀빨다'(편안하게 생활하다)와 같이 군대에도 많은 은어가 존재하는데 본래 은어는 '어떤 계층이나 부류의 사람들이 다른 사람들이 알아듣지 못하도록 자기네 구성원들끼리만 빈번하게 사용하는 말'인 만큼 조직에 따라 일정 부분 존재할 수도 있겠지만, 전투를 주 임무로 하는 군대에서는 일단 소통에 장애가 생기고 무엇보다도 대다수 은어가 상대방을 무시하거나 경멸하는 의미가 담겨 있다는 점에서 은어 사용은 문제가 있다. 최근 국방부와 육본 등에서도 은어 뿐 아니라 욕설이나 비속어, 차별적 언어 사용을 금하는 언어순화 운동을 적극적으로 추진하고 있는데, 무엇보다도 장병 스스로가 이러한 언어 사용은 다른 사람의 인권을 침해할 뿐 아니라 결국 자신의 인권도 짓밟는 결과를 초래하게 됨을 잊지 말아야 한다. 국토방위라는 신성한 의무를 수행하고 있는 군인에게 있어 서로 존중하고 격려해 주지는 못할망정 이러한 말 한마디로 스스로 '자아효능감'을 떨어뜨릴 수는 없는 일이다.

언어는 사고를 지배한다. 따라서 언어의 민감성을 높이는 것은 인권 존중의 시작이라고 할 수 있다. 더욱이 집단생활을 하는 병영 내라면 사회의 경우보다 그 정도가 클 수밖에 없다. 그럼에도 관성적으로 계속 저급한 언어표현을 사용한다면 종국에는 병영 문화가 경직되고 본인의 의도와 무관하게 타인의 인권을 침해하게 되며, 본인도 정작 그 언어에 경도되어 죄책감을 느끼지 못하게 된다. 인권에 대한 감수성은 남의 나라 이야기가 되는 것이다.

미스터 션샤인

넷째는 적극적인 개입이다. 인권은 중립이 없다. 만일 누군가를 차별하고 억압하며 인권을 짓밟고 있는데 아무것도 하지 않는다면 결국 가해자를 돕는 것이 된다. 2018년 tvN에서 24부작으로 방영한 〈미스터 션샤인〉은 대한제국 시대 의병들의 이야기를 다룬 드라마다. 그중 일본 게이샤로 위장한 의병 여인이 일본군에게 발각되어 위기에 처한 상황에서 김태리와 이병헌이 나누는 대화가 무척이나 인상 깊다. 김태리가 총을 들고 그녀를 구하려 뛰어들자 이병헌은 말한다. "가지 마시오. 준비 없이 나가면 귀한 목숨만 위험해질 뿐이오." 김태리는 "숱한 시간이 내게는 준비였소."라고 응수한다. 이에 이병헌이 "저 여인 하나 구한다고 조선이 구해지는 것이 아니오."라며 거듭 만류하자, 김태리는 결연한 어조로 대답한다. "구해야 하오. 어느 날엔가 저 여인이 내가 될 수도 있으니까."

세상을 살다 보면 많은 사람이 불합리한 일을 보아도 "내가 아니니까,

내 가족이 아니니까, 나는 힘이 없으니까."라며 애써 자기를 합리화하고, 개입하면 손해라는 이기심으로 이를 외면한다. 그런데 언젠가 그러한 행동이 부메랑이 되어 내가 당할 수도 있다는 사실을 분명히 알아야 한다. 인권도 마찬가지다. 인권침해 행위를 보고도 모두가 방관자로 일관한다면 가해자는 이후에도 별다른 제약 없이 행동을 계속하게 될 것이다. 따라서 누군가 차별적인 언행이나 혐오적인 발언을 하는 것을 보거나 들었을 땐 가만히 있지 말고 개입해서 멈추게 해야 한다. 만일 개입하지 않는다면 결과적으로 가해자를 동조하거나 편들어 주는 것이며 공범이 되는 것이다. 왕따의 경우도 같은 메커니즘이다. 인권 보호에 있어 방관자는 있을 수 없다. 1964년 미국 사회를 떠들썩하게 했던 '제노비스 신드롬'(제노비스가 새벽 시간대 뉴욕 주택가에서 괴한에게 35분간 3번에 걸쳐 칼에 찔려 도와달라고 비명을 질렀음에도 목격한 이웃 38명 중 아무도 도와주지 않아 결국 사망한 사건)도 같은 맥락이 아니겠는가?

　권력이란 아주 조그만 것이라 하더라도 자신의 한계에서 최대한의 힘을 발휘하려는 속성이 있다. 집중된 권력에 선의를 기대하기는 어려우며, 견제되지 않는다면 남용될 소지가 많다. 과거 ○일병 사건을 복기해보자. 선임병이라는 아주 조그만 권력(권력으로 보기도 어렵지만)만으로도 감시가 소홀하고 견제장치가 없으니 이를 악용할 수 있었고, 수십 명의 목격자가 있었음에도 모두 방관자로 일관했기에 소중한 목숨까지 잃게 되지 않았던가! 앞서 개그콘서트의 감수왕도 신하가 싫은 소리를 자꾸 하니까 행동을 멈추었다.

사실 인권은 국가나 사회 차원에서 접근하여 구조적 차별과 억압을 제거할 필요가 있다. 그러나 개인 차원에서도 할 수 있는 것들이 있다. 바로 관점을 달리하고 다양성을 인정하며, 다른 사람의 입장에 서서 공감하고, 인권침해 행위를 보면 적극적으로 개입하는 등의 일이다. 개입할 때는 다소간의 비난을 감수할 상황이 생길 수 있으므로 용기도 필요할 것이다. 그러나 이런 사람들이 모여야 사회가 발전하고 인권의식이 충만한 행복한 병영과 국가를 건설할 수 있으리라 생각한다. 그리고 그 시작이 인권 감수성이다. 꿈은 우리 모두가 만들어 가야 한다.

• • • • • • • • • #10. 간절함이 갖는 놀라운 효과 • • • • • • • •

호랑이가 닭을 쫓고 있었지만, 결코 닭을 잡을 수가 없었다. 호랑이는 한 끼 식사를 위해 뛰었지만, 닭은 살기 위해 뛰었기 때문이다. 닭에게 있어 달음박질은 바로 생존이자 간절함이었다. 이토록 간절함은 불가능해 보이는 것도 가능하게 만든다. 흔히들 "노력하는 사람은 즐기는 사람을 이길 수 없다."라는 말을 하곤 하는데 필자는 생각이 좀 다르다. 즐기는 것도 노력이 수반돼야 가능하며 그보다 더 큰 가치 구현을 위해서는 절박해야 한다.

누구에게나 나름의 꿈이 있고 또 그것이 실현되기를 원하나 꿈을 이루는 사람은 극소수에 불과하다. 물론 능력이나 여건 등의 차이가 있을 수 있겠지만 필자는 성공과 실패를 가르는 결정적 요소는 바로 간절함의 차이라고 생각한다. 지금 일이 잘 안 되거나 목표를 달성하지 못하는 것은 간절하게 원하지 않았기 때문이다. 비근한 예로 목표가 생기면 바로 시작해야 하는데 내일이나 모레부터라는 식으로 미루는 경우가 많다. 그러다가 제법 시간이 지나가면 "그건 애당초 나한테 맞지 않는 거였어. 그리고 사실 중요한 것도 아니야."라고 애써 합리화하며 포기해 버린다. 마치 이솝우화에 등장하는 '여우와 신포도' 이야기처럼 말이다. 포도가 너무 높이 달려 자신의 능력으로 먹을 수 없는 것을 저 포도는 원래 시어서 맛이 없다고 자위(自慰)하는 '인지 부조화' 현상. 참으로 궁색하다. 그러면서도 다른 사람이 자기가 원했던 것을 성취하면 막연히 이를 시샘하거나, '저 애는 금수저이기 때문에' 아니면 '운이 좋아서'라는 식으로 평가절하하곤 한다. 이런 사람은 최초부터 간절하지 않았던 사람이고, 이런 삶의 자세로서는 결코 범인(凡人)의 수준에서 벗어날 수 없다.

그렇다면 어떻게 해야 간절함을 간직하고 유지할 수 있을까? 우선 자신의 인생 목표를 분명하게 설정해야 한다. '방향성 없이 열심히만 사는 인생은 하루살이 삶의 반복에 불과하다.' 예컨대 필자는 특별한 목표와 방향성 없이 1년을 산 개(물론 목표를 설정할 수도 없겠지만)를 1년을 살았다고 생각하지 않는다. 그 개는 단지 하루살이 삶을 365회 반복했을 뿐이다.

그리고 인생 목표를 분명하게 정했다면 실행전략으로 목표 달성을 위한 계획을 구조화·시각화해야 한다. 최근 일본인 투수 오타니가 활용해 유명해진 '만다라트' 기법도 참고할 만하다. 또한, 마감 시한을 '일(日)' 단위로 정하는 것도 도움이 된다. 막연히 1년 뒤나 여름까지라 하지 말고, '150일 뒤'와 같이 일수로 계산하면 마감일이 더욱 가까워지고 절실

해져서 집중도와 실천력이 배가된다. 마지막으로는 자신의 소망에 대해 항상 기도하라. 이 부분은 앞서 4장에서 충분히 다뤘기에 자세한 설명은 생략한다.

흔히들 인생에서 세 번의 기회가 주어진다고 한다. 세 번의 기회는 해석하기에 따라 아주 드물다는 뜻이 되기도 하고, 반대로 아무리 힘들어도 세 번의 기회는 오니 희망을 버리지 말라는 의미도 된다. 이와 관련된 관용적 표현으로 '만에 하나'란 말이 있다. 통계를 보면 대한민국 사람의 평균 수명이 80세를 상회하는데, 단순히 80세라고 한정해도 일 년은 365일이니 일수로는 29,200일을 살게 된다. 그렇다면 대략 3만 일인데 이를 '만에 하나'에 적용해 보면 인생을 살면서 3번의 기회는 온다는 말이 된다. 우연치고는 너무나 계산이 맞다.

그런데 사실 기회는 지천(至賤)으로 깔려 있고 끊임없이 내 주변을 지나고 있다. 그러나 장님에게는 등불이 의미가 없듯이 수주대토(守株待兔)의 고사처럼 별다른 노력 없이 기회가 오기만을 기다리는 사람은 결코 기회를 잡을 수 없다. 오직 준비된 자만이 기회를 잡을 수 있는 것이다.
"장병들이여! 제반 여건이 불비하다 한탄하고 있는 지금, 이 순간에도 소중한 기회는 흘러가고 있다. 지금 당장 시작하라! 기회는 오는 것이 아니라 만드는 것이다."

그리고 만일 특정 시점에서 그 꿈이 이루어지지 않았다 하더라도 절대로 포기하지 마라. 인생은 패배했을 때 끝나는 것이 아니라, 포기했을 때

끝나는 것이다. 그럴 땐 간절함이 부족했다고 생각하고 더더욱 노력을 배가해라. 누군가 이야기했던가? '지금 이 순간 잠을 자면 꿈을 꾸지만, 노력하면 꿈이 이루어진다고.' 그리고 위대한 생각을 길러라. 우리는 절대 생각보다 높은 곳으로 오르지 못한다.

'인권 칼럼' 연재가 종료된 후 국방홍보원으로부터 '국방뉴스' 출연 제의가 있었다. '육군 헌병이 들려주는 인권 이야기' 칼럼의 후속 대담 프로그램이었는데, 이때 앵커와 나눈 대화가 이 책의 핵심 주제 및 결론이 될 것 같아 소개해 본다.

Q-1. 인권이라는 주제는 사실 개념 이해가 쉽지 않은데요. 처음에 어떻게 기획 시리즈 연재를 결심하게 됐습니까?

A-1. 사실 저는 이전부터 사고는 예방할 수 있다는 확고한 신념으로 안전 칼럼을 작성해 왔습니다. 범죄는 결국 인간이 마음이 동해 저지르는 것이기 때문에 일부 장병들의 왜곡된 인지구조와 선한 내적 본성을 방해하는 요소만 제거해 준다면 사고 예방의 길이 열린다고 본 것이지요. 그리고 이를 잘 구현할 수 있는 수단이 바로 칼럼이라고 생각했던 것입니다. 칼럼의 논리적 기저는 인지주의와

인본주의 심리학에 바탕을 두고 있고요.

그러던 어느 날 주변의 추천으로 안전 칼럼이 대내·외로 소개되었고 이후 국방홍보원 측으로부터 국방개혁 과제 중 하나인 인권 칼럼 연재를 제의받게 되었습니다. 잠시 망설였지만 저는 흔쾌히 하겠다고 했는데 왜냐하면 인권도 사실 안전의 연장선에 있기 때문입니다. 약간 부연설명을 하자면 병영 내에서 발생하고 있는 범죄는 인권에 대한 무지에서 출발하는 경우가 많습니다. 따라서 칼럼을 통해 인권의식을 부각한다면 사고도 예방할 수 있다는 확신이 들었고, 군내 질서유지 및 사고예방이 주된 임무 중 하나인 헌병(군사경찰)에서 시도한다는 것이 의미 있겠다고 생각한 것입니다.

Q-2. 군대 내 인권 문제를 감성을 접목한 이야기로 풀어내서 많은 호응을 얻었습니다. 특별히 이런 방식을 썼던 이유가 있습니까?

A-2. 두 가지 이유를 들 수 있겠습니다. 첫 번째는 우리가 누군가에게 어떠한 행위를 하지 못하게 하려면 보편적으로 법리적인 측면, 즉 처벌을 강조해야 효과가 있다고 믿는 경향이 많습니다. 물론 처벌의 효과는 분명 있겠지만 심리적 측면을 간과한 것이라고 볼 수 있지요. 따라서 앞서 답변처럼 인간의 이성과 감성을 자극해 '이러이러한 행동을 하면 안 되겠구나!'라고 스스로 느끼게 하는 기법이 중요한데, 스토리텔링식 주제 접근이 이를 구현하기에 효과

적이라 생각한 것입니다.

두 번째는 사실 인권 분야는 다른 주제와는 다르게 다소 무겁고 불편하게 생각하며 접근성이 떨어지는 주제이기에 이를 법리적·학문적으로만 풀어 간다면 거부감이 들 수 있겠다고 생각했습니다. 그래서 인문학적 요소를 가미하여 소설이나 수필처럼 재미있으면서도 가볍게 읽게 하고, 막바지에 이르러 자연스레 인권을 이해하게끔 하는 방식을 택한 것입니다. 즉 귀납적 접근방식이지요.

Q-3. 지난 2월부터 7월 초까지 10회 시리즈 연재를 마쳤는데요. 그동안 가장 기억에 남는 연재가 있다면 어떤 것을 꼽을 수 있을까요?

A-3. 시리즈마다 나름의 정성을 기울였기에 어느 것 하나 기억나지 않는 것이 없고, 연재될 때마다 분에 넘치는 격려와 피드백을 받기도 했습니다. 그런데도 꼽아 보자면 '음해·험담은 살인보다 무섭다', '군인 가족에게 전하는 인권 이야기', '상어의 눈물', '인권 감수성' 이렇게 네 가지 정도가 가장 기억이 남습니다. 제가 칼럼을 작성할 때 그즈음에 있었던 병영 또는 사회적 이슈 중에서 모티브를 얻곤 했는데, 이 네 가지는 주제 선정과 내용 구성면에서 특히 신경을 많이 썼던 부분입니다.

'음해·험담'은 '약점 없는 인재 없고, 강점 없는 범재 없다'라는 전제하에 공연히 다른 사람을 시기·질투하지 말고 자신에게 지향점을 둬야 함을 강조한 글인데 삶에 대한 개인적 철학도 많이 소개되어 있고, '군인 가족'은 가족의 소중함과 애환을 잔잔하게 소개하면서도 군인 가족으로서 자긍심을 당부하는 내용입니다. 반상회보에 나가기도 했고요. '상어의 눈물'은 인권은 약자만을 위한 것이 아니라 지휘관을 포함한 우리 모두의 권리임을 부각하면서 특히 대상관범죄에 경종을 울리는 글이고, '인권 감수성'은 종합편으로 인권 감수성을 높이는 구체적인 방법을 제시한 내용인데, 많은 고심을 하게 한 코너였던 것 같습니다.

Q-4. 인권 감수성이라는 이야기를 자주 하셨는데요. 군대에서도 인권 감수성이 필요한 이유는 뭡니까?

A-4. 인권 감수성은 인권실천의 전제이자 인권존중 사상의 전부라 해도 과언이 아닙니다. 제가 그동안 작성했던 칼럼도 결국 쉽고 다양한 비유를 통해 장병들의 인권 감수성을 높이기 위함이었습니다. 의도적이든 아니든 나의 말 한마디와 행동이 상대방에게 어떠한 영향을 미칠 수 있는지 지각하고 해석하지 못한다면, 인권 문제는 공염불이 되고 맙니다.

이 자리를 빌려 다시 한번 강조하면 인권은 다른 목적을 위한 수단이나 도구가 될 수 없으며 그 자체가 목적임을 분명하게 인식할 필요가 있고, 공감 능력 향상에 관심을 가져야 합니다. 공감은 상대방과 같은 감정을 느끼는 것으로 감정을 공유하면 새로운 소통과 공감이 시작되는 법입니다. 또한, 제가 백설공주 이야기를 인용했는데 얼마나 외로웠으면 위험한 줄 알면서도 문을 열어 줬겠습니까? 따라서 정해진 틀이나 일반적 기준으로 함부로 사람을 재단해서는 안 되고, 상대방의 입장과 상황에서 바라보는 관점전환 능력이 인권 감수성의 핵심 키워드가 된다는 것입니다.

그리고 언어의 민감성과 적극적인 개입도 중요합니다. 이 부분은 본문에서 상세히 설명했는데 어쨌든 이 모든 것은 바로 인권 감수성과 관련된 것입니다. 인권 감수성은 인권실천의 시작이자 전부가 됨을 다시 한번 강조하고 싶습니다.

Q-5. 최근 군대에서 여군 비중이 점차 높아지고 있는데요. 군 조직 발전의 시너지 효과를 위해 성 인식에 대한 전환도 필요할 것 같습니다. 이 부분에 대한 의견은 어떠십니까?

A-5. 칼럼에도 간단히 소개한 바 있는데, 『시경』소아편에 '수지오지자웅(誰知烏之雌雄)'이란 말이 나옵니다. '까마귀의 암수를 어떻게 구별하리오?'란 말인데, 사실 까마귀면 까마귀이지 암수 구분의 실익이 없습니다. 미물도 이럴진대 하물며 만물의 영장이며 고도의 지성을 가진 사람들이 남자/여자 선입관을 가지는 것은 문제가 있습니다. 성별이 다르다는 이유로 차별을 두는 것보다는 그 사람의 능력과 특성에 따라 적재적소에 잘 활용한다면 시너지 효과가

배가될 것으로 봅니다.

또한, 성폭력은 여타 범죄와는 달리 범죄의 객체가 인간 그 자체
이기에 약자를 누르는 잔인한 공격성이 내재되어 있고, 개인의 수
치심과 고통의 정도가 극심할 수밖에 없습니다. 따라서 성폭력은
단순 형사범 범주를 넘어선 패륜이자 인간의 가치를 찬탈하는 인
권침해 행위가 되는 것이지요. 제가 어우동 이야기도 했는데 '잘
못된 조직문화는 학습이 되고, 학습된 경험은 개인에게 치명적인
영향'을 주기 때문에 병영 내에서 선 기능의 학습이 지속적으로 이
루어져야 한다고 생각합니다.

Q-6. 마지막으로 군 인권 문제에 대해 조언이 있으시다면 말씀 부탁드
립니다.

A-6. 군은 평상시 무력을 관리하고 유사시 생명을 담보로 적과 싸워야
하는 조직입니다. 따라서 군은 사회의 어느 조직보다 엄격하고 지
휘계통이 살아 있어야 합니다. 혹자는 이러한 이유로 인권은 전
투력 발휘에 지장을 주고 왠지 불편하게 생각하기도 하는데, 인권
과 전투력은 별개의 영역임을 인식해야 합니다. 구한말 흥선대원
군이 생각납니다. 그의 개혁안은 딱히 나쁘다고 할 순 없습니다.
그러나 그분이 추구했던 방향이 근대가 아닌 조선, 즉 복고정치를
지향했다는 점에서 문제가 있는 것입니다. 인권 문제는 거스를 수
없는 시대적 과제임을 생각해야 합니다.

한편으로는 군대가 다소 폐쇄적이라는 이유로 인권침해 행위가 많을 것이라는 막연한 편견을 가지지 않았으면 합니다. 현재 군에서는 국방헬프콜 등 인권 구제수단이 다양해졌고, 각급 부대 지휘관들이나 장병들의 인권의식도 많이 개선되고 있습니다. 지금 이 순간에도 본연의 임무 완수와 장병의 인권 보호를 위해 노력하고 있는 동료들에게 박수를 보냅니다. 저 역시 앞으로도 다양한 채널을 통해 안전하고, 인권이 청정한 육군을 만들기 위해 최선의 노력을 다하겠습니다.

불현듯 과거 부끄러웠던 나의 모습이 생각난다. 따스한 햇볕이 그리워지는 어느 겨울날 오후. 막사 순찰을 위해 중대 생활관으로 향하던 나는 갑작스레 스며드는 악취에 코를 틀어막았다. 병사들이 주거하는 생활관과 인접한 화장실에서 고약한 냄새가 난 것이다. 황급히 바깥으로 나온 나는 순간 가슴이 철렁해졌다. 이런 곳에서 24시간 생활하고 있는 병사들은 지금껏 별다른 내색 없이 참고 지내 왔는데 지휘관이라는 사람이 순간을 참지 못해 바깥으로 뛰쳐나오다니…… 한없이 부끄럽고 미안해지는 나 자신을 느끼면서 다시 화장실로 들어갔다. 이후 악취 발생의 원인을 확인하고 상급 부대에 공사 의뢰 등 조치는 하였지만, 가슴속 깊이 죄책감이 밀려왔다. 잠시나마 그들의 고통을 외면하고 자리를 피했던 나의 마음 때문이리라. 나 역시 이성적으로만 병사들의 고충을 이해하고 관념적으로만 인권을 인식했던 것이다. "혹 자신이 유능해서 관리자가 되었다고 생각하는가? 그렇게 믿는 순간 부하들은 당신 없이도 잘할 수 있다고 생각하기 시작할 것이다. 누군가를 이끌려면 먼저 자기 자신을 다스려야 한다." 고어텍스의 前 CEO '테리 켈리'의 말이다.

누군가가 세상에서 가장 먼 거리는 '머리에서 가슴까지'라고 했다. 이성보다는 공감이 중요하고 공감을 지나 실행이 더 중요함을 일컫는 이야기다. 말로만 하는 배려보다는 그들의 고통을 함께 느끼고 행함으로써 불편한 자가 더는 불편하지 않도록 해 주는 것. 이것이 진정한 배려이며 인권존중의 모습이 아니겠는가…….

이제 대단원의 막을 내릴 때가 왔다. 지금 이 순간 필자의 마음은 한결같다. 여러모로 부족하지만 이 책을 통하여 군내 인권 문제에 대한 진지한 성찰과 논의의 장이 마련되고, 우리 군이 더 발전된 모습으로 거듭나는 전기(轉機)가 되었으면 하는 바람, 그뿐이다. 끝으로 이 책을 출간하기 위해 많은 지지와 격려를 해 준 사랑하는 가족, 소영과 지혜 그리고 조중현, 강현효 등 관계자분들에게 이 자리를 빌려 다시 한번 감사의 마음을 전한다.

인문학과 함께하는

軍✓ **인권과 안전의**
새로운 만남

ⓒ 김경호, 2020

초판 1쇄 발행 2020년 7월 17일

지은이   김경호
펴낸이   이기봉
편집   좋은땅 편집팀
펴낸곳   도서출판 좋은땅
주소   서울 마포구 성지길 25 보광빌딩 2층
전화   02)374-8616~7
팩스   02)374-8614
이메일   gworldbook@naver.com
홈페이지 www.g-world.co.kr

ISBN   979-11-6536-608-7 (03390)

이 도서의 국립중앙도서관 출판예정도서목록(CIP)은 서지정보유통지원시스템 홈페이지(http://seoji.nl.go.kr)와 국가
자료공동목록시스템(http://www.nl.go.kr/kolisnet)에서 이용하실 수 있습니다. (CIP제어번호: CIP2020028241)